Bibliografische Information der Deutschen Nationalbibliothek:

Die Deutsche Bibliothek verzeichnet diese Publikation in der Deutschen National-
bibliografie; detaillierte bibliografische Daten sind im Internet über http://dnb.d-
nb.de/ abrufbar.

Impressum:

Copyright © 2017 GRIN Verlag
Druck und Bindung: Books on Demand GmbH, Norderstedt Germany
ISBN: 9783668821385

Dieses Buch bei GRIN:

https://www.grin.com/document/445367

10
Unidades

Philip Müller

Der Golfstrom in Zeiten der anthropogenen Klimaerwärmung. Auswirkungen und Folgen für Europa

Studienarbeit

Philip Müller

Der Golfstrom in Zeiten der anthropogenen Klimaerwärmung. Auswirkungen und Folgen für Europa

GRIN Verlag

GRIN - Your knowledge has value

Der GRIN Verlag publiziert seit 1998 wissenschaftliche Arbeiten von Studenten, Hochschullehrern und anderen Akademikern als eBook und gedrucktes Buch. Die Verlagswebsite www.grin.com ist die ideale Plattform zur Veröffentlichung von Hausarbeiten, Abschlussarbeiten, wissenschaftlichen Aufsätzen, Dissertationen und Fachbüchern.

Besuchen Sie uns im Internet:

http://www.grin.com/

http://www.facebook.com/grincom

http://www.twitter.com/grin_com

Pädagogische Hochschule Karlsruhe

Modulabschlussprüfung Geographie Modul 2

Der Golfstrom in Zeiten der anthropogenen Klimaerwärmung – Auswirkungen und Folgen für Europa

Name: Philip Müller   Hauptfach: Kath. Theologie

Nebenfach: Geographie

Inhaltsverzeichnis

1. Einleitung und Hinführung

Der Golfstrom ist eine der stärksten Meeresströmungen der Erde und beschert großen Teilen Europas seit Jahrmillionen milde Temperaturen und ausreichend Niederschläge, weshalb er umgangssprachlich auch als „Fernheizung Europas" bezeichnet wird. Der weitverbreitete Wohlstand und die hohe technologische Entwicklung innerhalb Europas ist unter anderem auch auf den Einfluss des Golfstroms zurückzuführen. Dieser hat den in Europa lebenden Menschen seit Jahrtausenden klimatische Bedingungen geschaffen, die das Überleben und die Weiterentwicklung der menschlichen Spezies gefördert hat.

Entdeckt wurde der Golfstrom vom spanischen Seefahrer Juan Ponce de Leon im Jahr 1513. Ponce de Leon berichtete von einer starken Strömung vor der Küste Floridas, die das Vorankommen seiner Schiffe in Richtung Westen erschwerte (Kehse, 2008, S.436-437). Später wurden die starken Ostströmungen des Golfstroms von der Schifffahrt genutzt, um Waren und Güter aus Nordamerika nach Europa zu transportieren. Heutzutage gibt es auf medialer Seite wilde Spekulationen über ein mögliches Versiegen des Golfstroms und einem damit verbundenen Kälteeinbruch in Europa. Stellenweise wird sogar eine bevorstehende Eiszeit prognostiziert. Vielfach stehen solche Spekulationen in einem engen Zusammenhang mit der anthropogenen Klimaerwärmung. Doch was ist dran an solchen Spekulationen und inwieweit beeinflusst die anthropogene Klimaerwärmung das Golfstromsystem tatsächlich?

Diese Arbeit mit dem Titel *„Der Golfstrom in Zeiten der anthropogenen Klimaerwärmung, Auswirkungen und Folgen für Europa"* beginnt mit dem Kapitel *„Der Golfstrom"*, welches zunächst einen Einblick in die allgemeine Entstehung von Meeresströmungen geben soll. Darauf folgen Begriffserklärung, geographische Verortung und Strömungsverlaufslauf. Des Weiteren soll anhand zweier Klimadiagramme, der klimatische Einfluss des Golfstroms auf Nordwesteuropa aufgezeigt werden. Auch moderne Messmethoden und eine kritische Auseinandersetzung mit Medienberichten sind dabei Bestandteil dieses Kapitels. Den Kern der Arbeit stellen die Kapitel drei und vier dar. Kapitel drei setzt sich mit den Einflussfaktoren auseinander, welche auf das Golfstromsystem einwirken. Beschäftigt man sich mit einem möglichen Versiegen des Golfstroms, kommt es zur zwangsläufigen Auseinandersetzung mit der anthropogenen Klimaerwärmung, da diese als stärkster Einflussfaktor gilt. Aus diesem Grund werden zu Beginn des dritten Kapitels die Ursachen der anthropogenen Klimaerwärmung benannt und die daraus resultierenden Auswirkungen auf den Golfstrom und seine Ausläufer. Dabei soll die von medialer Seite oft gestellte Frage, ob es zu einem Versiegen des Golfstroms kommt, beantwortet werden. Im vierten Kapitel werden anhand ausgewählter Emissionsszenarien aus den Sachstandsberichten der IPCC (Ingovernmental

Panel on Climate Change) mögliche Folgen und Auswirkungen vorgestellt, die im Laufe des 21. Jahrhunderts in Europa eintreffen könnten. Generell sind alle Emissionsszenarien aus den IPCC Sachstandsberichten auf die anthropogene Klimaerwärmung zurück zu führen. Dies gilt auch für die ausgewählten Emissionsszenarien in dieser Arbeit. Aufgrund der bereits gesammelten Informationen aus den vorherigen Kapiteln werden die Emissionsszenarien in Verbindung mit einer Abschwächung bzw. einem Versiegen des Nordatlantikstroms gesetzt. Dadurch können mögliche Auswirkungen und Folgen für Europa genannt werden. Im letzten Kapitel werden politische Maßnahmen und Maßnahmen seitens der Wissenschaft angesprochen, die ergriffen werden, um dem anthropogenen Klimawandel entgegen zu wirken und somit auch eine weitere Abnahme des Nordatlantikstroms zu verhindern.

2. Der Golfstrom

2.1. Meeresströmungen

Für die ständige Bewegung der Ozeane sind drei unterschiedliche Antriebskräfte verantwortlich. Dazu zählen die Gezeiten, der Wind und die thermohaline Zirkulation (Rahmstorf & Richardson, 2007, S.30-33). Der Golfstrom, der eine der stärksten Meeresströmungen der Welt ist, steht ebenfalls unter dem Einfluss dieser drei Faktoren.

2.1.1. Gezeiten

Die Anziehungskräfte von Mond und Sonne, die sogenannten Gezeiten, bewirken Ebbe und Flut. Dabei zieht der Mond große Mengen Wasser an, so dass der Wasserspiegel an der Stelle ansteigt, über der der Mond am Himmel steht. Gleichzeitig kommt es aufgrund der Zentrifugalkräfte auf der entgegengesetzten Seite zu einer sogenannten „Wasserbeule", da dort die Erdanziehung schwächer ist. Aus irdischer Sicht kommt es hier zu einer Anhebung des Wasserstandes. (Rahmstorf & Richardson, 2007, S.30). Die Wechselwirkung zwischen den Anziehungskräften von Mond und Sonne bewirkt den sogenannten Tidenhub. Springtiden stellen den maximalen Tidenhub dar und treten dann auf, wenn Sonne und Mond in einer Linie stehen. Dies ist bei Vollmond und Neumond der Fall. Von einer Nipptide spricht man, wenn Sonne und Mond von der Erde aus gesehen in einem Winkel von 90° zueinanderstehen. Ist dies der Fall, ist Halbmond. Aufgrund der Erdrotation kreisen die „Tidenbeulen" durch die Ozeane bzw. Meeresbecken und treffen dabei auf die Küsten und interagieren mit diesen. Dabei kann es zu einem starken Tidenhub (Springtide) kommen oder zu einem schwachen (Nipptide) (Rahmstorf & Richardson, 2007, S.30-31). Die Gezeitenströme ändern viermal täglich ihre Richtung um 180°. Daher schaffen sie es nicht, Wasser über weite Distanzen zu transportieren. So wird der Strömungsverlauf des Golfstroms nur äußerst gering durch die Gezeiten beeinflusst. Dies merkt man vor allem daran, dass Ebbe und Flut in Nordwesteuropa deutlich schwächer ausfallen, als beispielsweise an der kanadischen Ostküste (Rahmstorf & Richardson, 2007, S.31).

2.1.2. Winde

Winde verursachen aufgrund ihrer Reibungskraft auf dem Wasser Oberflächenwellen und -strömungen. Die Bewegungen der großen Strömungen sind äußerst komplex. Zum einen werden die großen Strömungen durch die Corioliskraft abgelenkt. Dabei bewegt sich das Wasser auf der nördlichen Halbkugel insgesamt nach Norden, allgemein gesagt in einem Winkel von 90° nach rechts. Auf der südlichen Halbkugel bewegt sich das Wasser in Richtung Süden. Dabei kommt es zu einer Ablenkung in einem Winkel von 90° nach links.

Die Wassermassen werden von den östlichen Passatwinden in den tropischen Breiten auf der Südhalbkugel und auf der Nordhalbkugel vom Äquator weggedrückt. Das weggedrückte Wasser wird durch Wasser ersetzt, welches aus der Tiefe aufsteigt. Dieses Meeresphänomen wird als „äquatoriales Aufsteigen" (upwelling) bezeichnet (Rahmstorf & Richardson, 2007, S.31-32). Zwischen dem 15. und dem 50. Breitengrad treten in jedem Meeresbecken große Subtropenwirbel auf. Diese sind Hauptkennzeichen der vom Wind getriebenen Meereszirkulation. Vergleichbar sind die Subtropenwirbel mit riesigen Wasserrädern, welche sich in den obersten hundert Metern des Meeres drehen und horizontal ausgerichtet sind. Dadurch wird das Wasser als westliche Randströmung schnell polwärts transportiert. Im Inneren des Subtropenwirbels befindet sich eine riesige Wassermasse, in der Oberflächenwasser zusammenströmt und träge mehrere hundert Meter tief absinkt. Der Golfstrom ist eine dieser Randströmungen und ist damit stark von den Winden abhängig. Der Rückstrom zum Äquator ist hingegen breit und langsam und erstreckt sich über fast die gesamte Breite des jeweiligen Meeresbeckens (Rahmstorf & Richardson, 2007, S.32).

2.1.3. Thermohaline Zirkulation

Unter der thermohalinen Zirkulation wird der Wärme- und Süßwasseraustausch an der Meeresoberfläche verstanden. Das Wort „thermo" steht dabei für Temperaturänderungen und das griechische Wort „halin" für die Änderung der Salinität. Temperatur – und Salinitätsänderungen beeinflussen die Dichte des Wassers. Strömungen entstehen durch Dichteunterschiede, da diese im Wasser zu Druckunterschieden führen. An den Meeresstellen, an denen die Dichte am höchsten ist, kommt es zum Absinken des Wassers von der Oberfläche in die Tiefsee. Dieser Prozess wird auch als „Tiefenwasserbildung" bezeichnet. Die absinkenden Wassermassen verbreiten sich in der Tiefe um die gesamte Welt. Ersetzt werden die abgesunken Wassermassen durch Rückflüsse des Oberflächenwassers. Dadurch kommt es zu einer gewaltigen Umwälzbewegung der Meere (Rahmstorf & Richardson, 2007, S.33-35).

Durch die Turbulenzen im Ozean werden von den warmen Oberflächenschichten wärmere Wassermassen in die Tiefe transportiert. Dadurch kommt es im Laufe der Zeit zu einer Verringerung der Dichte. Dieser beständige Verlust an Dichte ermöglicht einen Austausch von Tiefenwasser durch „junges" Wasser aus den Polargebieten. Dadurch ist es möglich, dass die Umwälzungsprozesse der Meere nicht zum Erliegen kommen. Wäre dies nicht der Fall, könnten keine Wassermassen mit geringer Dichte aus anderen Bereichen mehr absinken, da die Tiefsee ausschließlich mit Wassermassen mit hoher Dichte gefüllt wäre

(Rahmstorf & Richardson, 2007, S.35). Solch ein Szenario würde den Golfstrom zum Erliegen bringen.

2.2. Begriffserklärung und geographische Verortung

Der Name „Golfstrom" bezieht sich auf den Golf von Mexiko, welcher früher auch als „Floridastrom" bezeichnet wurde und auf den Karten des 16. und 17. Jahrhunderts als „Canal de Bahama" verzeichnet ist. Benjamin Franklin gab dem Golfstrom seinen heutigen Namen (Grunau, 2012, S.53). Der Golfstrom ist eine Meeresströmung im Nordatlantik, die von der nordamerikanischen Ostküste, vom Kap Hatteras, bis zur Neufundlandbank reicht. Der Golfstrom ist Teil des nordatlantischen Strömungskreises, dessen warme und nordwärts gerichtete Strömung als Golfstromsystem bezeichnet wird, da sie warmes Wasser vom mexikanischen Golf nach Europa transportiert (Kehse,2008, S.440). Dabei verbindet der Golfstrom den Floridastrom und den Nordatlantischen Strom und stellt den westlichen Randstrom des subtropischen Strömungswirbels im Nordatlantik dar. Er ist die Grenzfläche zwischen dem warmen Wasser der Sargassosee und dem kalten Wasser der nordamerikanischen Küste. Der Golfstrom besitzt eine Breite von etwa 100 km und seine Oberflächenströmung beträgt bis zu 6 km/h (Bammel & Fallert- Müller, 2008, S.88). Östlich der Großen Neufundlandbank fächert sich der Golfstrom auf. Dabei wird der Hauptarm an der Oberfläche als Nordatlantikstrom bezeichnet. Der Nordatlantikstrom wird oftmals fälschlicherweise in der Schule und in Medienberichten als Golfstrom bezeichnet. Diese Formulierung ist nicht zutreffend, da der Nordatlantikstrom zwar aus dem Golfstrom hervorgeht, aber nicht selbst der Golfstrom ist, sondern vielmehr dessen Ausläufer (Kehse, 2008, S.440-441). Aus ozeanographischer Sicht wird unterschieden zwischen dem Golfstrom im westlichen Atlantik und seinem verlängertem Arm, dem Nordatlantikstrom im Nordostatlantik, welcher bis an die europäischen Küsten strömt (Rahmstorf & Richardson, 2007, S.146).

Der größte Teil der transportierten Wassermassen des Golfstroms wird in Richtung Süden abtransportiert. Dabei schließt sich das Golfstromsystem durch den Kanarenstrom, welcher in die breite Drift des Nordäquatorialstroms einmündet (Bammel & Fallert-Müller, 2008, S.88).

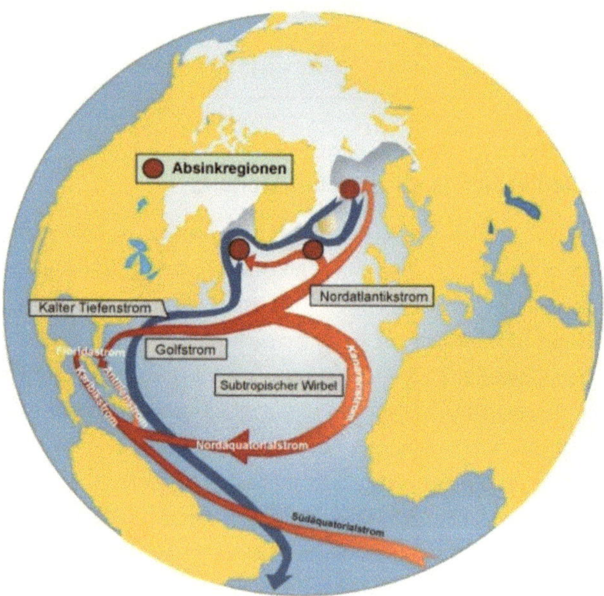

Abb. 1: Skizze des Golfstroms und Nordatlantikstroms sowie der relevanten Absinkregionen; *Anmerkung: rot- warme Oberflächenströmungen, blau- kalte Tiefenströmungen.*

Quelle: http://wiki.bildungsserver.de/klimawandel/index.php/Datei:Nordatlantikzirkulation.jpg

2.3. Strömungsverlauf von Golfstrom und Nordatlantikstrom

Der Hauptwasserlieferant des Golfstroms ist der atlantische Südäquatorialstrom, welcher tropisch warme und oberflächennahe Wassermassen mit ca. 30°C (Rahmstorf & Richardson, 2007, S.26) von der Westküste Afrikas, angetrieben durch den konstant wehenden Südostpassat, in Richtung Nordwesten zur Küste Südamerikas transportiert. Dort trifft der Südäquatorialstrom auf den Nordäquatorialstrom, welcher durch den Nordostpassat angetrieben wird. Beide Strömungen treiben die Wassermassen durch die Karibik in den Golf von Mexiko. Durch die heiße karibische Sonne heizt sich das Wasser auf eine Temperatur von etwa 30°C auf. Der daraus resultierende Karibikstrom befördert die sich hier anstauenden warmen Wassermassen mit einer Art Pumpwirkung durch die Floridastraße. Dabei erreichen die Wassermassen eine Geschwindigkeit von bis zu zwei Metern pro Sekunde. Außerdem werden bis zu 32 Millionen Kubikmeter Wasser pro Sekunde durch die Meeresenge hindurchgepresst, bevor sich die Floridastraße mit dem warmen Antillenstrom vereinigt und als der uns bekannte Golfstrom entlang der Südostküste der USA Richtung Nordosten weiter fließt. Der Golfstrom wird zu 25% durch die bereits oben beschriebene thermohaline Zirkulation angetrieben, die anderen 75% sind den Winden geschuldet. Dies ist allerdings nur eine grobe Schätzung, da es äußerst schwierig ist, thermohaline und windgetriebene Meeresströmungen voneinander zu trennen, da es bei beiden zu nicht linearen Wechselwirkungen kommt (Rahmstorf & Richardson, 2007, S.36). Der Einfluss des Windes beschränkt sich dabei auf die oberen Wasserschichten, die je nach Windstärke bis zu einer Tiefe von 50m bis 200m durchmischt werden. Bildlich gesprochen wird das leichte Oberflächenwasser mit geringerer Dichte vom Wind in Richtung Europa getrieben (Rahmstorf & Richardson, 2007, S.25). Grundsätzlich ist es so, dass Meeresströmungen wie der Golfstrom niemals geradlinig fließen. So weist auch der Golfstrom eine Vielzahl von Mäandern und Wirbeln auf, die sich ständig verändern. Der Golfstrom durchquert getrieben von den Westwinden den Nordatlantik und wird durch den von nordwestlicher Richtung kommenden, kalten Labradorstrom zusätzlich abgelenkt. 30% der Wassermassen fließen dabei in den Subtropischen Wirbel zurück in Richtung Äquator. Die anderen 70% der Wassermassen bilden den Nordatlantikstrom, welcher ein Teil des Golfstroms darstellt und weiter in Richtung Nordwesteuropa fließt (Kehse, 2008, S.443).

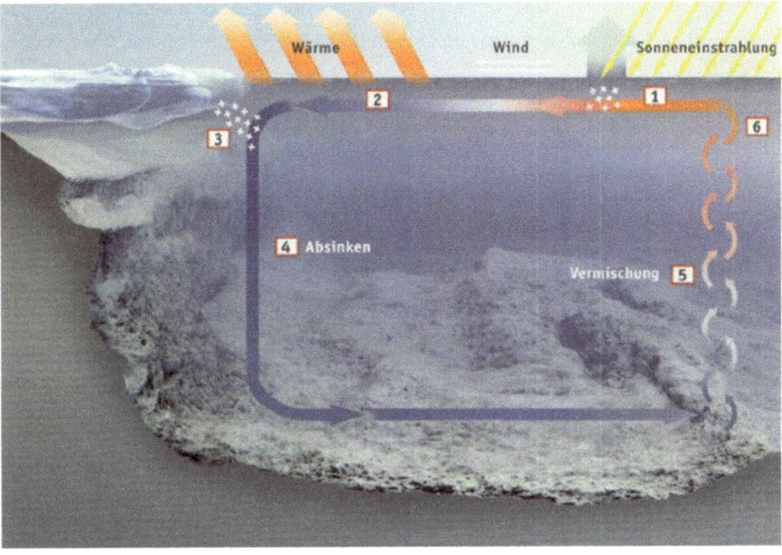

Abb. 2: Tiefenwasserbildung und Vermischungsprozesse von Golfstrom und Nordatlantikstrom.

Quelle: Kehse, 2008, S.437

Wie man Abbildung 2 entnehmen kann, gibt der Nordatlantikstrom die im Wasser gespeicherte Wärme stetig an die Atmosphäre ab (2). Wobei der Salzgehalt aufgrund fortwirkender Verdunstung immer höher wird (Kehse, 2008, S.444). Die sinkenden

Temperaturen des polwärts fließenden Nordatlantikstroms werden durch zusätzliche Vermischungsprozesse und die weitere Abnahme der Sonneneinstrahlung verstärkt (3). Eine höhere Salzkonzentration und kälteres Wasser bewirken, dass das Strömungswasser auf seinem Weg Richtung Nordosten im Vergleich zu seiner Umgebung immer größere Dichte erlangt und somit schwerer wird (Rahmstorf & Richardson, 2007, S.33). Der hohe Salzgehalt des Nordatlantikstroms führt dazu, dass dieser, wenn er auf die weniger salzhaltigen Gewässer der Arktisregion trifft, in die tieferen Schichten des Ozeans abstürzt (4) (Rahmstorf & Richardson, 2007, S.33). Die dadurch entstehenden Umwälzungsprozesse (Tiefenwasserbildung) sind wichtiger Bestandteil der bereits erklärten thermohalinen Zirkulation. Das Tiefenwasser fließt langsam weiter Richtung Süden, dabei taucht ein Teil des nährstoffhaltigen Wassers durch Vermischungsprozesse in Äquartornähe wieder auf (5) und gelangt an die Oberfläche, um die dort von den Passatwinden wegtransportierten Wassermassen zu ersetzen (6). Dieser Vorgang wird als „upwelling" bezeichnet (Rahmstorf & Richardson, 2007, S.277). Das Oberflächenwasser des Golfstroms wird dabei erneut durch die tropische Sonne erwärmt und durch Winde wieder Richtung Europa transportiert (1). Die Wassermassen, die nicht absinken, vermischen sich entweder mit anderen Wasserschichten oder werden mit anderen Strömungen weiterbefördert, um sich irgendwann erneut dem Zyklus der Meeresströmung anzuschließen (Rahmstorf & Richardson, 2007, S.24).

2.4. Klimatische Auswirkungen des Golf- und Nordatlantikstroms auf Nordwest Europa

Der Golfstrom beschert Europa eine hohe positive Temperaturdifferenz zwischen Wasser und Luft. Ohne den Golfstrom wäre es in großen Teilen Europas im Schnitt fünf bis zehn Grad kälter. Dadurch entsteht eine stabile und andauernde Verdampfungswärme, welche die Hauptenergiequelle der atlantischen Zirkulation über dem Ozean ist. Durch die Winde aus südwestlicher und westlicher Richtung wird die Wärme nach Mittel-, West- und Nordeuropa getragen (Rammel & Fallert-Müller, 2008, S.88). Des Weiteren versorgt der Golfstrom diese Regionen Europas auch mit genügend Niederschlägen, aufgrund dessen ist es möglich, dass an Norwegens Küsten Obstbäume und Gemüse gedeihen und an Irlands Südwestküste sogar Palmen wachsen können (Engeln, 2008, S.338). Die vorliegenden Klimadiagramme verdeutlichen die klimatischen Unterschiede zwischen dem nordamerikanischen Kontinent und dem europäischen. Beide Orte liegen ziemlich genau auf dem nördlichen 58. Breitengrad.

| Sola (Norwegen) | 7,4 °C | Kuujjuaq (Kanada) | -5,8°C |
| 7m (Ostatlantik) | 1180mm | 34m (Westatlantik) | 523mm |

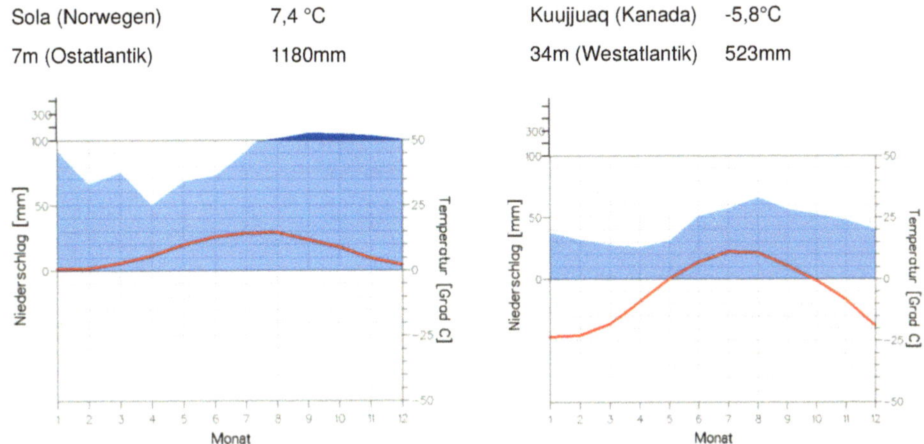

Abb. 3: Vergleich zweier Klimadiagramme an West- und Ostküste des Nordatlantiks, auf Höhe des 58. Breitengrads.

Quelle: http://www.klimadiagramme.de/Europa/Plots/sola.gif;
http://www.klimadiagramme.de/Namerika/Plots/kuujjuaq.gif

Trotz dieser Tatsache ist die jährliche Durchschnittstemperatur in Sola um mehr als 10°C höher als die jährliche Durchschnittstemperatur in Kuujjuaq. Während die Temperaturen in Kujjuag deutlich unter den Gefrierpunkt sinken, beschert der Nordatlantikstrom Sola milde Wintermonate. Dieses Phänomen lässt sich auf die komplette Nordostküste Europas übertragen (s. Abb.4).

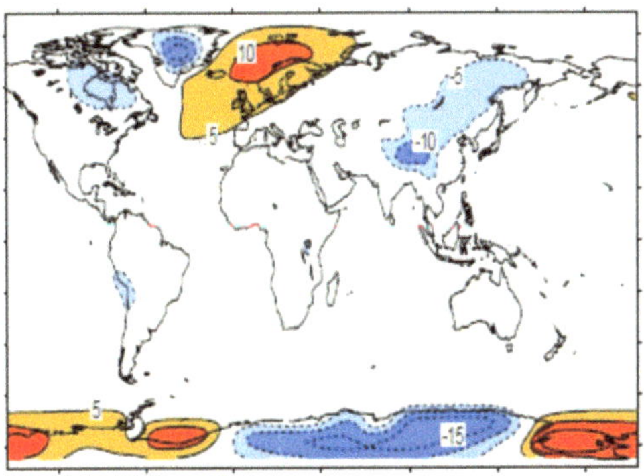

Abb. 4: Abweichung der Oberflächentemperatur vom zonalen Mittelwert.

Quelle: Rahmstorf, 2006, S.7

Der Wärmetransport des Nordatlantikstroms reicht bis nördlich von Spitzbergen. Wie bereits erwähnt, ist es nicht nur die warme Strömung, die beispielsweise den Hafen von Murmansk eisfrei hält, sondern auch die anhaltenden Winde, welche die freigelassene Wärme der Ozeane in Richtung Festland befördern. Die wärmende Wirkung des Nordatlantikstroms zeigt sich auch im Landesinneren nordeuropäischer Staaten, wenn auch in abgeschwächter Form (Seager, 2002, S.2563). Aus diesem Grund wird der Golfstrom auch als „Fernheizung" oder „Warmwasserheizung Europas" bezeichnet, der durch seinen Ausläufer, dem Nordatlantikstrom, Europa warme Temperaturen beschert.

2.5. Messmethoden

Für die Erforschung des Golfstroms und seiner klimatischen Bedeutung für Europa waren neue Messmethoden unerlässlich. Anhand dieser sollten neue Daten über Temperatur, Salinität, Strömungsverlauf und Strömungsgeschwindigkeit ermittelt werden. Lange Zeit versuchten Forscher anhand von punktuellen Kurzzeitmessungen das Strömungsverhalten im Nordatlantik zu untersuchen. Seit einigen Jahren haben sich qualitativ bessere, satellitengestützte Messvorrichtungen etabliert, um die Meeresströmungen über längere Zeitspannen zu untersuchen. Eines der aufwändigsten und umfangreichsten Forschungsprojekte ist das internationale „Argo- Programm" zur Beobachtung der Weltmeere. Dabei wurden über 3000 Messbojen für einen Zeitraum von acht Jahren in den Ozeanen ausgesetzt. Die Treibsonden sanken dabei auf eine Tiefe von bis zu 2000m. Im Zehn-Tages-Rhythmus stiegen die Treibsonden an die Oberfläche, um ein Temperaturprofil sowie weitere Messdaten per Satellit an Verrechnungszentralen weiterzuleiten. Um eine höhere Messgenauigkeit gewährleisten zu können, werden alle Daten mit Beobachtungen weiterer Satelliten verglichen (Roemmich, Boebel & Freeland, 1998, S.3).

2.6. Kritische Auseinandersetzung mit Medienberichten

Immer wieder hört man in den Medien vom Versiegen des Golfstroms und einem damit verbundenen Abbruch des Wärmetransports für Europa. So schrieb beispielsweise *Die Welt* in ihrer Onlineausgabe am 23.01.2017: *„Forscher prophezeien Kollaps des Golfstroms"* Aufgrund seiner wichtigen Bedeutung für die klimatischen Verhältnisse in Europa gibt es immer wieder Bedenken bei der betroffenen europäischen Bevölkerung. Kritisch zu beurteilen sind dabei die immer wiederkehrenden Falschmeldungen. Oftmals wird von journalistischer Seite keine Differenzierung zwischen den Begriffen Golfstrom und Nordatlantikstrom vorgenommen. Somit ist es wie vorhin bereits erwähnt der

Nordatlantikstrom, der die warmen Wassermassen des Golfstroms nach Nordwest Europa transportiert. Dieser Fakt wird von den meisten Medienberichten aber völlig außer Acht gelassen und nicht berücksichtigt. Möglicherweise weil die meisten Journalisten befürchten, ihre Leser damit zu überfordern (Rahmstorf & Richardson, 2007, S.146).

Nach heutigem Wissensstand ist ein vollständiges Versiegen des Golfstromsystems auszuschließen (Rahmstorf & Richardson, 2007, S.146). Begründen lässt sich diese Annahme damit, dass wie bereits erwähnt, die Strömungen überwiegend von Winden angetrieben werden, welche wiederum auf die Corioliskraft zurückgehen. Setzt man voraus, dass die Erde sich weiter um ihre Achse dreht, werden die Winde nicht aufhören, sondern sich allenfalls geringfügig um wenige Längengrade verschieben (Rahmstorf & Richardson, 2007, S.34). Somit sind die Medienberichte, die über ein Versiegen des Golfstroms berichten, letztendlich auf eine begriffliche Unschärfe zurückzuführen (Rahmstorf & Richardson, 2007, S.146). Eine Abschwächung, Richtungsänderung bzw. auch ein Versiegen des nördlichen Golfstromausläufers (Nordatlantikstrom) scheint hingegen möglich. Forscher haben in diesem Zusammenhang versucht anhand von Modellrechnungen und Klimasimulationen bestimmte Komponenten zu beeinflussen, die den Nordatlantikstrom beeinflussen könnten. In ihren Modellannahmen kamen die Forscher zu dem Ergebnis, dass vor allem ein Umstürzen des Nordatlantikstroms in der Arktisregion kritisch zu beurteilen wäre, da dies zu einer Veränderung der Tiefenwasserbildung führen würde. Die Tiefenwasserbildung in der Arktisregion ist für das Bestehen der nordatlantischen Strömung von enormer Bedeutung und kann durch äußere Einflüsse durchaus zum Versiegen gebracht werden (Rahmstorf & Richardson, 2007, S.147).

3. Einflussfaktoren, die den Nordatlantikstrom belasten und zum Versiegen bringen könnten

Für Forscher ist es von hohem Interesse herauszufinden, wie sensibel das Golfstromsystem und der damit verbundene Nordatlantikstrom sind und inwieweit äußere Einflüsse darauf einwirken. Ziel ist es daher herauszufinden, wo sich mögliche Schwachstellen und Angriffspunkte herausbilden. Den stärksten Einfluss auf den Nordatlantikstrom hat die anthropogene Klimaerwärmung. Erwähnenswert ist in diesem Zusammenhang, dass es im Verlauf der Erdgeschichte immer wieder zu klimatischen Veränderungen kam, welche natürlichen Ursprungs waren. Auch heutzutage unterliegt die Erde natürlichen klimatischen Schwankungen. Somit sind die im Folgenden aufgelisteten Punkte letztendlich nicht ausschließlich auf den menschlichen Einfluss zurückzuführen, sondern auch zu einem geringen Teil auf die natürlichen klimatischen Veränderungen. Nichtsdestotrotz sind viele der seit 1950 beobachteten klimatischen Veränderungen, in diesem Ausmaß über Jahrzehnte bis Jahrtausende zuvor noch nie aufgetreten und somit definitiv auf den Einfluss des Menschen zurückzuführen (Pachauri & Meyer, 2014, S.40). Daher richtet diese Arbeit im Folgenden ihren Fokus auf die anthropogene Klimaerwärmung, da sie nach aktuellen wissenschaftlichen Stand Hauptverursacher der globalen Erwärmung ist und somit auch das Strömungsverhalten des Nordatlantikstroms maßgeblich beeinflusst.

3.1. Globale anthropogene Klimaerwärmung

Die steigenden anthropogenen Treibhausemissionen stehen dabei hauptsächlich mit dem global starken Wirtschafts- und Bevölkerungswachstum in Zusammenhang. Die damit verbundenen anthropogenen Treibhausgasemissionen gelten als Hauptgrund für den menschengemachten Klimawandel. Die aktuellen atmosphärischen Konzentrationen von Kohlendioxid, Methan und Lachgas sind in solch einer Form, wie man sie heute vorfindet, seit mindestens 800000 Jahren noch nie vorgekommen. Ihre Auswirkungen konnten im gesamten Klimasystem nachgewiesen werden. Daher ist sehr wahrscheinlich, dass sie die Hauptursache der beobachteten globalen Erwärmung seit Mitte des 20. Jahrhunderts darstellen (Pachauri & Meyer, 2014, S.4). Die genannten Gase verändern und beeinflussen maßgeblich den Strahlungshaushalt der Erde. Sie absorbieren einen Teil der Wärme, welcher von der Erdoberfläche und der unteren Atmosphäre abgestrahlt wird und behindert damit die Abgabe von Wärme in das Weltall. Dieses physikalische Phänomen wird seit dem 20. Jahrhundert als sogenannter „Treibhauseffekt" bezeichnet. Erst wenn die abgestrahlte Wärmemenge von der Erde genau der Menge an eingestrahlter Sonnenwärme entspricht, stellt sich ein Gleichgewicht der klimatischen Verhältnisse ein (Rahmstorf & Richardson,

2007, S.106). Wird die Abstrahlung behindert, geht die klimatische Balance verloren und es wird mehr Wärme aufgenommen als abgegeben. Dadurch wird es wärmer, da die genannten Gase („Treibhausgase") einen zusätzlichen Treibhauseffekt bewirken. Ein weiterer Faktor der neben den Treibhausgasen einen Einfluss auf die klimatischen Verhältnisse hat, sind Schmutzpartikel (Staub, Ruß, Schwefelteilchen usw.). Diese werden als Aerosole oder umgangssprachlich auch als Smog bezeichnet (Rahmstorf & Richardson, 2007, S.107). Die Aerosole reflektieren das Sonnenlicht und haben dadurch eine abkühlende Wirkung auf das Klima. Ihr genauer Einfluss ist nicht so leicht zu bestimmen, da beispielsweise Smog regional sehr unterschiedlich auftritt und somit auch seine Strahlungswirkung. Ebenfalls auf den Einfluss des Menschen zurückzuführen ist die Veränderung der Helligkeit der Landflächen, der sogenannten Albedo. Verursacht wird diese durch Landnutzungsänderungen, wie beispielsweise die Umwandlung von Waldflächen in Ackerland. Obwohl dieser Einfluss eine abkühlende Wirkung auf das Klima hat, ist bewiesen, dass der menschliche Einfluss zwangsläufig zu einer globalen Erwärmung des Klimas geführt hat. Auch zukünftig ist mit keiner Abnahme der CO_2 Emissionen zurechnen (Rahmstorf & Richardson, 2007, S.112).

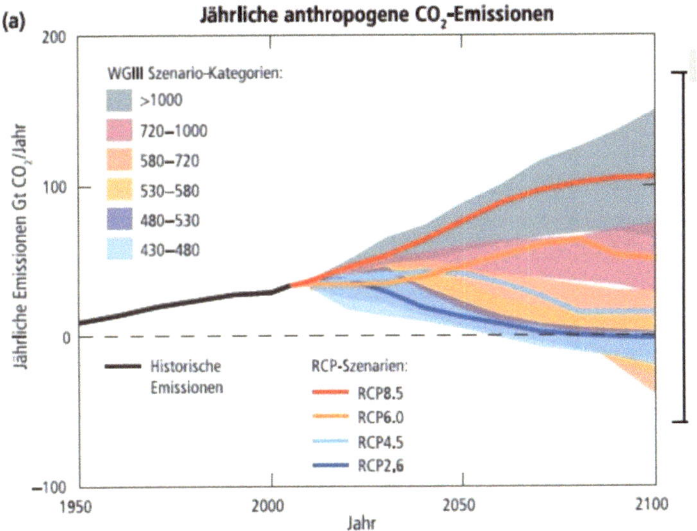

Abb. 5: Jährliche anthropogene C02- Emissionen anhand unterschiedlicher Szenarien.

Quelle: Pachauri & Meyer, 2014, S.9

Die in der Grafik dargestellten vier repräsentativen Konzentrationspfade (RCP-Szenarien) bestehen aus RCP 6.0 und RCP 8.5, diese stellen den Anstieg von CO_2- Emissionen dar, wenn es zu keinen Bemühungen der Politik kommt, die CO_2- Emissionen zu senken. Alles unterhalb des Szenarios RCP 6.0 und dem Szenario RCP 4.5 würde den aktuellen CO_2 Ausstoß konstant halten. RCP 2.6 stellt ein Szenario dar, das darauf ausgerichtet ist, die globale Erwärmung unter 2°C über der vorindustriellen Temperatur zu halten (IPCC-Bericht 2014, S.8). Wie man der Graphik entnehmen kann, wäre es durchaus möglich, in den folgenden Jahrzehnten die anthropogene Klimaerwärmung zu senken. Der Temperaturanstieg könnte auf ca. 1°C beschränkt werden. Dafür müsste auf weltpolitischer Ebene umgehend gehandelt werden und sowohl Emissionsgesetze als auch weitere effektive globale und regionale Klimaschutzmaßnahmen eingeleitet werden (Rahmstorf & Richardson, 2007, S. 111-112). Kommt es zu keiner Umsetzung dieser Maßnahmen ist davon auszugehen, dass es noch innerhalb dieses Jahrhunderts zu einem Temperaturanstieg von bis zu 6°C kommen kann (Rahmstorf & Richardson, 2007, S. 110).

3.1.1. Erhöhte Süßwassereinträge

Durch verstärkten Süßwassereintrag kann die Tiefenwasserbildung ins Stocken geraten, da diese das mit Süßwasser vermischte Oberflächenwasser verdünnen würde, was wiederum zu einer geringeren Salzkonzentration des Oberflächenwassers führt. Folglich ist das Wasser nicht mehr so schwer, was es daran hindert, in tiefere Schichten abzusinken (Rahmstorf & Richardson, 2007, S.147). Problematisch ist dabei der positive Rückkopplungseffekt der thermohalinen Zirkulation. Die Tiefenwasserbildung ist vom Salzgehalt abhängig, der Salzgehalt wiederum von der ankommenden Strömung und die Strömung von der Tiefenwasserbildung. Das bedeutet, wenn der Sog des absinkenden, schweren Wassers schwindet, werden geringere Mengen des salzhaltigen Golfstromwassers angezogen, dadurch wird das kommende Sinkwasser immer leichter. Dies würde zu einer Abschwächung oder zum Ende der thermohalinen Zirkulation führen. (Rahmstorf & Richardson, 2007, S.147). Vor ca. 13.000 Jahren kam es zum Bruch eines Eisdammes in Nordamerika, der eine riesige Menge an Schmelzwasser (Agassizsee) zurückhielt. Dieser plötzliche Einstrom der Süßwassermassen in den Nordatlantik führte zu einer schlagartigen Verringerung der Salinität, die ausreichte um den Golfstrom zu unterbrechen. Dies führte zu einer ca. Jahrtausend langen Abkühlung der Erde. Bei Untersuchungen von Sedimentproben und Eisbohrkernen aus arktischen Regionen ist Forschern aufgefallen, dass abrupte klimatische Veränderungen immer in direkter Verbindung mit einer Veränderung der thermohalinen Zirkulation stehen und somit zwangsläufig auch den Nordatlantikstrom beeinflussen. Über die Größenordnung des für eine Beeinflussung nötigen Süßwassereintrags können Experten derzeit nur grobe Schätzungen abgeben. Kritisch würde die Situation erst ab ca. 100.000

Kubikmeter/s werden. Dies wäre mit einem Abschmelzen der Grönlandgletscher innerhalb von 1000 Jahren gegeben. (Rahmstorf & Richardson, 2007, S.148). Eine gestaute Süßwassermenge vergleichbarer Größenordnung existiert derzeit nicht, so dass es in den nächsten Jahrhunderten auch nicht zu einem Zusammenbruch der thermohalinen Zirkulation im Nordatlantik kommen wird. Unsicherheitsfaktoren bleiben dennoch unvorhersehbare Rückkopplungsreaktionen im Bereich Klima und Ozean, als auch unerwartete plattentektonische Aktivitäten. So könnten große Vulkanausbrüche oder ein schwacher Sonnenzyklus, ebenfalls Veränderungen auf den Nordatlantikstrom bewirken (Rahmstorf & Richardson, 2007, S.50). Die Wissenschaft hat sich mit solchen Extremfällen beschäftigt und hierzu zahlreiche Studien ausgewertet. Würde es zu den bereits beschriebenen Extremfällen kommen, sagen Studien einheitlich aus, dass es zu einem Absinken der jährlichen Durchschnittstemperatur um 2-4°C im europäischen Raum kommen würde. Besonders betroffen wäre davon der äußerste Nordwesten Europas (Bammel & Fallert-Müller, 2008, S.253).

3.1.2. Erwärmung der Meere

Forschern gelang es anhand von eingeschlossenen Luftblasen in der arktischen Eisdecke Aussagen über den Kohlenstoffdioxidgehalt während der letzten 650.000 Jahre zu treffen (Rahmstorf & Richardson, 2007, S.157-159). Die Eisbohrkernuntersuchungen ermittelten, dass die heutige CO_2- Konzentration in der Atmosphäre den höchsten Wert seit 650.000 Jahren erreicht hat (Rahmstorf & Richardson, 2007, S.105).

Ein großer Teil der Treibhausgasemissionen wurde aus der Atmosphäre von den Meeren aufgenommen. Hätten die Meere dies nicht getan, so hätte man es heute womöglich mit dem doppelten Anstieg der atmosphärischen Konzentration zu tun (Rahmstorf & Richardson, 2007, S.106). Generell ist es schwierig, die anthropogene Klimaerwärmung in den Meeren zu messen, da die Ozeane in ihrer Reaktion zum einen hinterherhinken, sodass die Erwärmung zunächst geringer ausfällt (Rahmstorf & Richardson, 2007, S. 110). Zum anderen kann die Temperaturentwicklung in den Meeren regional durchaus sehr unterschiedlich ausfallen. Zu einer starken Erhöhung der Wassertemperatur kommt es beispielsweise dort, wo es zu einem Rückgang der Eisbedeckung des Ozeans kommt. Dabei kommt es durch die Eis-Albedo-Rückkopplung zum Ansteigen der ozeanischen Temperaturen. Die Eis-Albedo-Rückkopplung beruht auf der Tatsache, dass Wasser die Sonnenenergie zu über 90% absorbiert, während Eis- und Schneeoberflächen nur weniger als 10% absorbieren und den Rest der Sonnenregie reflektieren. Das bedeutet, je weniger Eis es gibt, desto weniger Sonnenenergie wird reflektiert und umso schneller wird das absorbierende Wasser erwärmt. Die Eis-Albedo-Rückkopplung ist ein Prozess, der sich also selbst verstärkt. Mit aus diesem Grund sind die eisbedeckten Flächen der Polarmeere zwischen 1997 und 2007 um etwa 20% zurückgegangen (Rahmstorf & Richardson, 2007, S. 114-115). Dadurch kommt es an den Polkappen zu einer viel schnelleren Erwärmung als im restlichen Teil der Ozeane. In der zweiten Hälfte des 20. Jahrhunderts lag die Erwärmung bei 0,7°C pro Jahrzehnt. Dies ist ein Mehrfaches des globalen Trends von ca. 0,2°C pro Jahrzehnt (Rahmstorf & Richardson, 2007, S.114). Eine Studie aus dem Jahr 2006 kommt zu dem Ergebnis, dass bereits 2040 das Polarmeer im Sommer weitestgehend eisfrei sein könnte. Frühere Modellrechnungen sagten solch eine Entwicklung erst für das letzte Viertel des Jahrhunderts voraus (Rahmstorf & Richardson, 2007, S.115). Parallel dazu werden aufgrund der steigenden Temperaturen die oberen Wassermassen erwärmt. Die obersten 75m der ozeanischen Wassermassen sind im Zeitraum von 1971 bis 2010 um 0,11°C pro Jahrzehnt wärmer geworden. Es ist bewiesen, dass sich die oberen Wasserschichten des Ozeans (0–700m) zwischen 1971 und 2010 erwärmt haben.

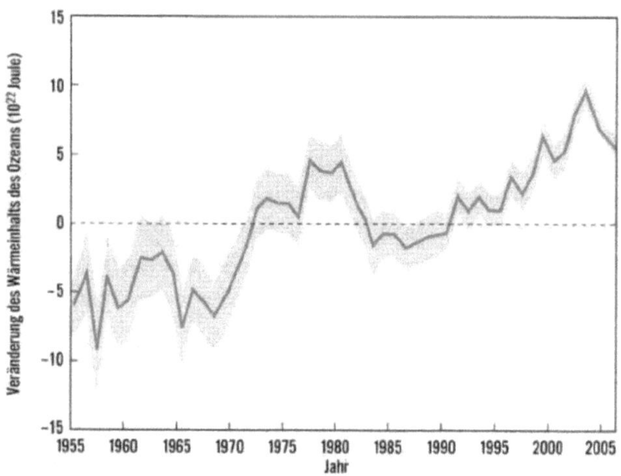

Abb. 6: Temperaturveränderungen der Weltmeere (bis 700 Meter).

Quelle: Rahmstorf & Richardson, 2007, S.117

Des Weiteren ist anzunehmen, dass sich die Ozeane im selben Zeitraum von 700m bis 2000m Tiefe, als auch von 3000m bis zum Meeresgrund erwärmt haben, da es zu langsamen Vermischungsprozessen unter den Ozeanschichten kommt (Rahmstorf & Richardson, 2007, S.115). Diese Annahme konnte von den bereits erwähnten Argo-Treibsonden gemessen und somit belegt werden (Rahmstorf & Richardson 2007, S.116).

Wichtig hierbei ist, dass die ozeanischen Temperaturen auch immer natürlichen Schwankungen unterliegen. So ergaben beispielsweise Messdaten, dass es in den Jahren 2004 und 2005 zu einer Abnahme der ozeanischen Temperaturen kam. Diese natürlichen Schwankungen sind absolut normal und trotz dieser erfreulichen Nachricht, geht der Trend der Temperaturen in den Meeren weiter nach oben (Rahmstorf & Richardson, 2007, S.118). Im Hinblick auf den Nordatlantikstrom stellen die steigenden Temperaturen in den Meeren eine Belastung dar. Vor allem die thermohaline Zirkulation und das Absinken von Tiefenwasser wird durch das warme Oberflächenwasser im Atlantik erschwert, da wärmeres Wasser leichter ist als kaltes.

3.1.3. Anstieg des Meeresspiegels

Der steigende Meeresspiegel ist eine Folge der wärmer werdenden Meere. Hauptverursacher für den steigenden Meeresspiegel ist zum einen das Abschmelzen der festländischen Eismassen und die Ausdehnung des Meerwassers aufgrund von Temperaturerhöhungen (Bammel & Fallert-Müller, 2008, S.158). Satellitenaufnahmen haben ergeben, dass der Meeresspiegel jährlich um 3,3mm ansteigt. Gleichzeitig kommt es aber auch aufgrund geologischer Veränderung des Volumens der Ozeanbecken zu einem Absinken des Meeresspiegels um 0,3mm pro Jahr. Der Grund dafür ist eine Spätfolge der letzten Eiszeit und dem damit verbundenen Verschwinden der riesigen Kontinentaleismassen, welche zu größerem Ozeanbecken führte und Landmassen absenkte. Dieses Phänomen verringert somit den oben genannten Meeresspiegelanstieg von 3,3mm pro Jahr und korrigiert diesen auf 3mm pro Jahr (Rahmstorf & Richardson, 2007, S.121).

Wie bereits erwähnt, ist eine Ursache des stetig steigenden Meeresspiegels die Ausdehnung von Wassermassen (Rahmstorf & Richardson, 2007, S.120-122). Diese sogenannte „Dichteexpansion" verläuft bei Wasser jedoch nicht linear, denn bei einem Temperaturanstieg von 20 auf 21°C expandiert das Wasservolumen mehr als viermal so stark, wie von 0°C auf 1°C. Im Endeffekt bedeutet das, je wärmer die Meerestemperatur wird, desto schneller steigt der Meeresspiegel (Rahmstorf & Richardson, 2007, S.124). Wichtig in diesem Zusammenhang ist, welche Wassermassen sich stark erwärmen. Ob also die Erwärmung eher in tropischen oder polaren Regionen stattfindet und welche Wasserschichten davon betroffen sind (Pachauri & Meyer, 2014, S.41). Selbst wenn es bei dem aktuellen Anstieg von ca. 3mm pro Jahr bleiben würde, bedeutet dies in hundert Jahren einen Zuwachs von 30 cm (Pachauri & Meyer, 2014, S.64). Inwieweit sich minimale Temperaturunterschiede auf den Meeresspiegel auswirken, lässt sich anhand von Sedimentproben verdeutlichen. Im Pliozän vor ungefähr drei Millionen Jahre waren die globalen Temperaturen im Vergleich zu heute gerade mal 2°C bis 3°C höher. Dies führte zu einem allmählich zeitversetzten

Meeresspiegelanstieg von 25m bis 30m (Rahmstorf & Richardson, 2007, S.125-126). Eine weitere Folge der Erwärmung des Meerwassers ist das Abschmelzen von Gebirgsgletschern und Kontinentaleismassen in Grönland und der Antarktis (Socker, Daher & Plattner, 2013, S.41).

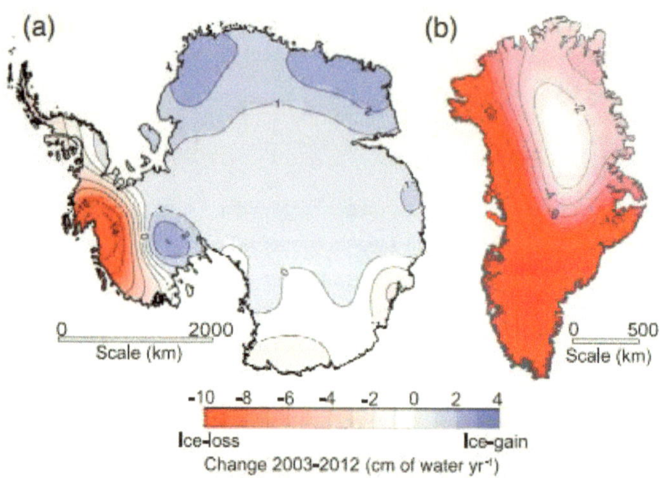

Abb. 7: Abschmelzprozesse in der Antarktis (a) und Grönland (b) zwischen den Jahren 2003 und 2012.

Quelle: Stocker, Dahe & Plattner, 2013, S.41

Zusammen ergeben sie einen jährlichen Meeresspiegelanstieg von ungefähr 1,6mm. Solche Messdaten sind noch oft sehr ungenau, da es äußerst schwierig ist, Aussagen über die Geschwindigkeit zu treffen, mit der die Kontinentaleismassen schrumpfen. So wurde beispielsweise zwischen den Jahren 1961 und 2003 ein Meeresspiegelanstieg von 5cm ermittelt. Messungen ergaben hingegen einen tatsächlichen Meeresspiegelanstieg von 7,5cm. Diese Diskrepanz kam dadurch zustande, dass die Abschmelzprozesse der Kontinentaleismassen nicht genau berechnet werden konnten. Deshalb bleiben bis heute Vermutungen über zukünftige Meeresspiegelentwicklung äußerst vage (Rahmstorf & Richardson, 2007, S.123). Je nach Modellprojektion könnte der Meeresspiegel bis zum Jahr 2100 um 18cm bis 59cm angestiegen sein (Rahmstorf & Richardson, 2007 S.123-124). Genauso könnte der Anstieg auch um ein vielfaches höher liegen. Ein Faktor der dabei berücksichtigt werden muss, ist die hochsignifikante Korrelation zwischen Meeresspiegelanstieg und Erwärmung.

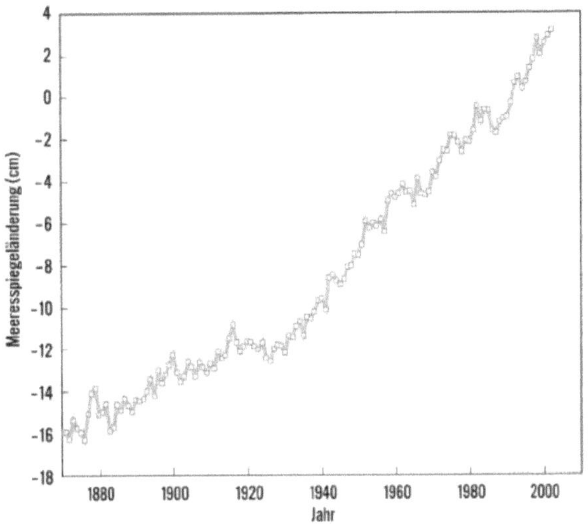

Abb. 8: Anstieg des globalen Meeresspiegels auf Grundlage von Pegelmessungen an zahlreichen Küsten.

Quelle: Rahmstorf & Richardson, 2007, S.121

Demnach steigt der Meeresspiegel pro 1°C Erwärmung um circa 3,4mm. Nimmt man an, dass dieser Zusammenhang auch künftig bestehen bleibt, könnte der Meeresspiegel bis 2100 sogar über einem Meter liegen (Rahmstorf & Richardson, 2007, S.124). Bei einer Abschmelzung der weltweiten Kontinentaleismassen könnte der Meeresspiegel um rund 70m ansteigen. Aus diesem Grund bezeichnete der amerikanische Klimatologe und ehemalige Leiter des Klimainstituts der NASA, James Hansen, die weltweiten Eismassen als tickende Zeitbomben. Die Zerfallserscheinungen an den Rändern der grönländischen und arktischen Eismasse haben in den letzten Jahren zugenommen. Satellitenbilder belegen, dass ich die Abschmelzfläche auf Grönland zwischen den Jahren 1979 und 2005 um rund 25% vergrößert hat – Tendenz steigend. Dadurch haben sich große Schmelzwasserströme gebildet, welche teilweise die Fließgeschwindigkeit anderer Flüsse, durch ihr zusätzliches Wasser, verdoppelt haben. Ebenso kommt es auf der arktischen Halbinsel zum Zerbrechen der Eisschelfe. Das Abschmelzen des Eisschelfs hat zwar keinen direkten Einfluss auf den Meeresspiegel, da es sich bereits schon auf dem Meer befindet. Zu einem Anstieg des Meeresspiegels führen aber die dahinterliegenden Eismassen und das abfließende

Gletscherwasser, welches dadurch ins Meer gelangt (Stocker, Dahe & Plattner, 2013, S.40-41). Durch diesen Süßwassereintrag nimmt besonders im Nordatlantik der Salzgehalt ab. Der zukünftige Süßwassereintrag hängt stark von den Abschmelzprozessen des Grönlandeises ab. Diese Abschmelzprozesse sind schwer kalkulierbar. Des Weiteren ist nicht abzusehen inwieweit ein zunehmender Süßwassereintrag die Strömungen des Nordatlantikstroms tatsächlich beeinflussen kann. Angesichts dieser Unsicherheit sind die Risiken nur schwer absehbar bzw. kalkulierbar.

3.1.4. Änderung der tropischen Wirbelstürme

Die steigenden Temperaturen in den Ozeanen begünstigen unumstritten stärkere Tropenstürme, die auch auf europäische Küsten treffen können. Gleichzeitig kommt es durch die steigenden Meerestemperaturen auch zu einer Erwärmung des Nordpols. Dadurch verringert sich das Temperaturgefälle zwischen Pol und Äquator. Aufgrund dieser Entwicklung müssten sich die Stürme in den mittleren Breiten abschwächen (Rahmstorf & Richardson, 2007, S.145). Etliche Modellrechnungen und Untersuchungen haben hingegen ergeben, dass durch die globale Klimaerwärmung die Westwinde zunehmen werden. Der Grund dafür ist höchstwahrscheinlich, dass es durch die Ozonschicht zu einer Abkühlung in der Stratosphäre kommt. Diese wird durch den vertikalen Temperaturgradienten zwischen Oberfläche und Stratosphäre verstärkt. Dies hat mehr Wind zur Folge (Rahmstorf & Richardson, 2007, S.145). Des Weiteren wird angenommen, dass sich die Tiefdruckgebiete über Europa Richtung Norden verlagern werden. Dadurch würde es im Norden häufiger zu Stürmen kommen als im Süden und im Zentrum Europas. Solche Prognosen über die Windveränderungen in Europa lassen sich nicht sicher belegen, sind aber dennoch wahrscheinlich. Außerdem ist davon auszugehen, dass es aufgrund des wärmeren Klimas zu höheren Niederschlagsmengen kommt. Diese begünstigen wiederum tropische Wirbelstürme, da wärmere Luft mehr Wasser enthalten kann (Rahmstorf & Richardson, 2007, S.144). Die höheren Niederschlagsmengen würden gleichzeitig den Süßwassereintrag erhöhen und sich somit wieder direkt auf die thermohaline Zirkulation des Nordatlantikstroms auswirken und diesen schwächen.

4. Auswirkungen und Folgen für Europa durch ein mögliches Abschwächen oder Versiegen des Nordatlantikstroms

Im Folgenden sollen mögliche Auswirkungen und Folgen einer Abschwächung bzw. eines Versiegens des Nordatlantikstroms für Europa benannt werden. Darum liegt der Schwerpunkt dieses Abschnitts auf den europäischen Regionen, welche maßgeblich durch die möglichen Veränderungen betroffen und beeinflusst werden könnten. Dazu zählt hauptsächlich der Norden als auch der Nordwesten Europas. Um das Ausmaß der Veränderungen zu verdeutlichen, werden andere Teile Europas ebenfalls mitbesprochen und herangezogen. Die im weiteren Verlauf aufgelisteten Auswirkungen und Folgen gehen großteils auf die veröffentlichten Sachstandsberichte des IPCC (Ingovernmental Panel on Climate Change) zurück und schildern mögliche Emissionsszenarien, die im Laufe des 21. Jahrhunderts auftreten können.

Wie in oberen Abschnitten erwähnt, wird die medial immer wieder prognostizierte „Eiszeit" mit Sicherheit nicht eintreten, da die globale Klimaerwärmung eine Abkühlung durch die ausbleibende Strömungswärme des Nordatlantikstroms deutlich kompensieren würde (Rahmstorf & Richardson, 2007, S.149). Somit wird es in Europa zu keiner dramatisch inszenierten Eiszeit kommen wie im Hollywood Film „Day after tomorrow" von Roland Emmerich. Solch ein Szenario bleibt vorerst auf die Kinoleinwände beschränkt (Rahmstorf & Richardson, 2007, S.149) Britische Forscher veröffentlichten 2005 ihre Messdaten mit dem Ergebnis, dass die atlantische Umwälzpumpe der thermohalinen Zirkulation um 30% in den letzten 50 Jahren zurückgegangen ist. Inzwischen korrigierten die Forscher ihr Ergebnis. Dennoch hielten sie daran fest, dass es zu einer Abnahme der atlantischen Umwälzpumpe in den letzten Jahrzehnten kam. Solche Hiobsbotschaften sind keine Seltenheit, da es oftmals an Langzeitdaten in tieferen Ozeanschichten mangelt. Unter ganz bestimmten Voraussetzungen und Gegebenheiten könnte es in Europa kälter werden als es momentan der Fall ist. Solch eine Gegebenheit würde beispielsweise dann vorliegen, wenn es zu einer unvorhersehbaren Strömungsänderung des Nordatlantikstroms kommen würde. Denkbar wäre auch, dass es der Menschheit gelingt, die Treibhausgasemissionen zu senken und somit die globale Erwärmung zu stoppen bzw. rückgängig zu machen. Wie bereits erwähnt, reagieren Atmosphäre und Ozeane zeitverzögert, dadurch würde es eine Zeit lang trotz sinkender Emissionen zu einer Abschwächung des Nordatlantikstroms kommen. So würde es in Europa und vor allem im Nordwesten Europas einige Grade kälter werden (Rahmstorf & Richardson, 2007, S.149). Obwohl in den Medien lediglich über eine mögliche Eiszeit in Europa und die damit verbundenen Folgen für den Menschen spekuliert wird, ist durch eine Abschwächung bzw. durch ein Versiegen des Nordatlantikstroms hauptsächlich das Meeresleben betroffen (Rahmstorf & Richardson, 2007, S.149).

4.1. Meeresbiologische Veränderungen

Modellrechnungen haben ergeben, dass durch ein Versiegen des Nordatlantikstroms hauptsächlich das nordatlantische Ökosystem betroffen wäre (Rahmstorf 2007, S.149). Die thermohaline Zirkulation versorgt den Nordatlantik mit Nährstoffen. Durch *upwelling* befördert Tiefenwasser Nährstoffe an die Meeresoberfläche, welches durch die Oberflächenströmung über den gesamten Atlantik verteilt wird. Dieses nährstoffhaltige Wasser ist die Lebensgrundlage für eine Vielzahl von Meereslebewesen (Rahmstorf & Richardson, 2007, S.65-66). Wäre diese Nährstoffzufuhr nicht mehr geben, hätte dies vor allem für die kleinsten Lebewesen weitreichende Folgen. Zu diesen zählen beispielsweise Algen und Plankton (Rahmstorf & Richardson, 2007 S.81). Gerade sie reagieren äußerst sensibel auf Umweltveränderungen und brauchen besonders lange, um sich an die veränderten Bedingungen anzupassen. Da die kleinsten Meereslebewesen am Anfang der Nahrungskette stehen, hat ihr Rückgang bzw. ihr Aussterben auch weitreichende Folgen für alle anderen Meereslebewesen. Folglich müssen auch die größeren Meereslebewesen das Gebiet wechseln, um ausreichend Nahrung zu finden. Dies kann zu einer Umverteilung mehrerer Arten führen. Dieser Effekt wird auch als Regimewechsel bezeichnet. Für einen Regimewechsel genügt oftmals eine minimale Veränderung der Temperatur, des Salzgehalts oder der Nährstoffzusammensetzung der Gewässer (Rahmstorf & Richardson, 2007, S.204). Obwohl Regimewechsel bereits im Nordatlantik zu beobachten sind, ist es dennoch schwierig, Aussagen über langfristige Entwicklungen des zukünftigen Fischbestandes zu treffen, da Daten über artspezifische Lebensbedingungen und deren Anpassungsfähigkeit fehlen (Rahmstorf & Richardson, 2007, S. 202-204). Aufgrund von klimatischen Veränderungen, die letztendlich auch den Nordatlantikstrom beeinflussen werden, könnte es laut Forschungsberichten zu einer Nordwärtsverschiebung der Plantonbestände kommen (Alcamo & Moreno, 2007, S.554). Schon heute leben in der Nordsee zahlreiche Warmwasserfische und andere Arten, die aufgrund der steigenden Meerestemperaturen in den letzten Jahren dort heimisch wurden. Ein Beispiel dafür ist der Wolfsbarsch, welcher vor mehreren Jahren eine selten gesehene Fischart in den höheren Breiten war und sich mittlerweile sogar Richtung Norwegen ausbreitet (Rahmstorf & Richardson, 2007, S.204). Bleibt es bei diesen Entwicklungen, kann sich die nordeuropäische Fischindustrie in den kommenden Jahren und Jahrzehnten auf eine große Artenvielfalt und ein hohes Angebot an Fischen freuen (Pachauri & Meyer, 2014, S.51).

4.2. Überschwemmungen

Simulationsrechnungen haben ergeben, dass wenn es zum Erliegen der thermohalinen Zirkulation des Nordatlantikstroms kommen sollte, der Meeresspiegel im nördlichen Atlantik um zusätzlich einen Meter ansteigen würde. Dieser Meeresspiegelanstieg und zwar zusätzlich zum ohnehin schon stattfindenden Meeresspiegelanstieg, würde ohne Verzögerung und rasch eintreten. Tritt dieses Szenario ein, würde auf der Südhalbkugel der Meeresspiegel leicht fallen, da diese dynamische Umverteilung des Meerwassers in der globalen Summe Null ergeben muss (Rahmstorf & Richardson, 2007, S.150).

Allgemein hat der steigende Meeresspiegelanstieg auf die Küsten Europas unterschiedliche Auswirkungen. Zum einen wird er in vielen Teilen Europas durch Landmassenanhebungen abgeschwächt bzw. hat überhaupt keine Auswirkungen. Zum anderen kann die Kombination aus Landmassensenkung und erhöhtem Meeresspiegel zu starken Überschwemmungen führen. Auf vielen Landmassen des europäischen Kontinents lasteten Eismassen, welche im Laufe der Zeit ihre Position veränderten. Ein Beispiel dafür ist der nördlichste Teil der Ostsee, welcher sich heute um 9mm pro Jahr anhebt und somit schneller ansteigt als der aktuelle Meeresspiegel. Weiter südlich gelegene Regionen der Ostsee dagegen sinken um 1mm pro Jahr ab. Ähnliche Phänomene sind auch in Großbritannien zu beobachten. So sinkt der Süden Englands inklusive London ab und Schottland steigt langsam auf (Rahmstorf & Richardson, 2007, S.129). Somit fallen die künftigen Folgen des steigenden Meeresspiegels regional sehr unterschiedlich aus, da sie vor allem dort spürbar sind, wo Küstenstädte ohnehin durch absinkende Landmassen gefährdet sind (Rahmstorf & Richardson, 2007, S.130). Wie bereits erwähnt, ist die englische Millionenmetropole London davon betroffen und die Auswirkungen heute schon spürbar. So musste die Sturmflutensperre in der Themse in den letzten Jahren mehr als zehnmal jährlich geschlossen werden, während dies im Jahr 1980 nur einmal von Nöten gewesen war (Rahmstorf & Richardson, 2007, S.132). Würde es zu dem oben beschriebenen Meeresspiegelanstieg um einen Meter kommen, verursacht durch das Versiegen des Nordatlantikstroms, so wären die meisten europäischen Küsten betroffen und zwar unabhängig davon, ob die Küsten sich senken oder anheben. Solch ein Szenario erscheint nach aktuellem Wissensstand dennoch relativ unwahrscheinlich.

4.3. Vegetation, Ökosystem und Biodiversität

Laut Expertenmeinung müsste es durch ein Versiegen des Nordatlantikstroms besonders in den nordwestlichen Regionen Europas kälter werden, da diese maßgeblich durch den Nordatlantikstrom beeinflusst werden. Tatsächlich ist es aber so, dass die Temperaturen aufgrund der anthropogenen Klimaerwärmung weiter ansteigen werden. Die anthropogene Klimaerwärmung kompensiert somit die Auswirkungen und Folgen eines sich abschwächenden Nordatlantikstroms. Aufgrund dessen kommt es in Nordwesteuropa zu milden Wintern und weniger Frosttagen und nicht zu stärkeren Wintern und vermehrten Frosttagen wie man erwarten würde. Des Weiteren verlagert sich aufgrund der milden Temperaturen die Baumgrenze immer weiter nach Norden. Die Tundrafläche geht dadurch stetig zurück und schrumpft (Kovats & Valentini, 2014, S.1287). Es kommt zu einer Zunahme der biologischen Vielfalt an Land und immer mehr neue Tier- und Insektenarten fühlen sich heimisch in den nördlichen Breiten (Kovats & Valentini, 2014, S.1286). Ebenso wird auch die Pflanzenvielfalt aufgrund der zunehmenden Temperaturen ansteigen und zu einer höheren Biodiversität beitragen. Begünstigt durch die veränderten Umweltbedingungen wird auch in den nordeuropäischen Frischwasser-Ökosystemen, also in Seen, Stehgewässern und Bächen die Artenvielfalt ansteigen (Kovats & Valentini, 2014, S.1290). Aufgrund der steigenden Temperaturen ist davon auszugehen, dass sich auch Schädlinge und Insekten im Norden Europas ausbreiten werden. Außerdem könnten Allergien durch neue Pollenarten bzw. einen längeren Pollenflug zunehmen (Alcamo & Moreno, 2007, S.546). Wie bereits erwähnt, würde bei einem Versiegen des Nordatlantikstroms, der Meeresspiegel zusätzlich um ungefähr einen Meter ansteigen. Dies würde dazu führen, dass Teile des Küstenfeuchtlands verloren gehen werden. Einige der dort heimischen Spezien werden es nur schwer oder gar nicht schaffen, sich an die wechselnden Lebensbedingungen anzupassen. Betroffen wären davon z.B. die Rastplätze von Robben oder die Brutplätze von Vögeln. Je nach Ausmaß des Wasseranstiegs würde das eine starke Bedrohung für ihren Lebenszyklus darstellen (Pachauri & Meyer, 2014, S.67-68). Somit sind die Veränderungen, die aus einer Abschwächung des Nordatlantikstroms resultieren würden, hinsichtlich der Vegetation, des Ökosystems und der Biodiversität relativ gering. Dies liegt daran, dass der Kälteeinbruch, der durch das Abschwächen des Golfstroms entstehen würde, von der anthropogenen Klimaerwärmung überlagert wird. Dadurch sind viele der vorhergesagten Auswirkungen in Europa nicht spürbar. Angenommen es würde gelingen, die anthropogene Klimaerwärmung durch eine Reduzierung der CO_2-Emissionen abzuschwächen bzw. zu stoppen, dann wäre es durchaus möglich, dass sich die Vegetation, das Ökosystem und die Biodiversität besonders in Nord- und Nordwesteuropa aufgrund sinkender Temperaturen verändert und einen gegenteiligen Effekt bewirkt.

4.4. Zunahme von Wetterextremen

Auch aus meteorologischer Sicht haben die Auswirkungen eines sich abschwächenden Nordatlantikstroms kaum bis gar keinen Einfluss auf die europäischen Wetterverhältnisse. Es sind auch hier die Auswirkungen der anthropogenen Klimaerwärmung, die die zukünftigen Wetterverhältnisse in Europa bestimmen. Für Mittel- und besonders Südeuropa werden in den kommenden Jahren starke Hitzewellen vorhergesagt, die zu großflächigen Waldbränden und extremen Dürren führen (Kovats & Valentini, 2014, S.1277-1278). Des Weiteren geht man davon aus, dass Wetterereignisse, wie z.B. Starkregen und Stürme, vor allem im Norden Europas und in den mittleren Breiten kürzer andauern werden, aber an Intensität zunehmen (Kovats & Valentini, 2014, S.1279). Die warmen Temperaturen führen zu einer früh einsetzenden Schneeschmelze im Norden, welche in Verbindung mit den starken Niederschlägen, das Winter- und Frühjahrshochwasser verstärken. Mit einem Anstieg schwerer Hochwasserereignisse ist in ganz Europa zu rechnen. Es wird davon ausgegangen, dass es schon gegen Ende des 21. Jahrhunderts im Norden und Osten Europas vermehrt zu extremen Überschwemmungen (Jahrhundertfluten) kommen wird. Besonders gefährdet sind die Küstenregionen in Nordwest- Europa (Kovats & Valentini, 2014, S.1280). Die Niederlande sind ein Beispiel für solch eine Küstenregion, welche mit dem Meeresspiegelanstieg und über die Ufer tretenden Flüssen konfrontiert wird, da 55% der Landfläche sich unterhalb des Meeresspiegels befinden. In diesen Landteilen leben gleichzeitig 60% der Bevölkerung und ein Großteil der Industrie befindet sich ebenfalls dort (Alcamo & Moreno, 2007, S.547). Aufgrund zunehmender Dürren und Hitzewellen ist besonders für Südeuropa mit einer Zunahme von Waldbränden zu rechnen. Die Graphik links zeigt das Waldbrandrisiko für Europa in den Jahren 1961 bis 1990. Die rechte Graphik zeigt das zu erwartende Waldbrandrisiko aufgrund steigender Temperaturen, zwischen 2041 bis 2070 (Kovats & Valentini, 2014, S.1287).

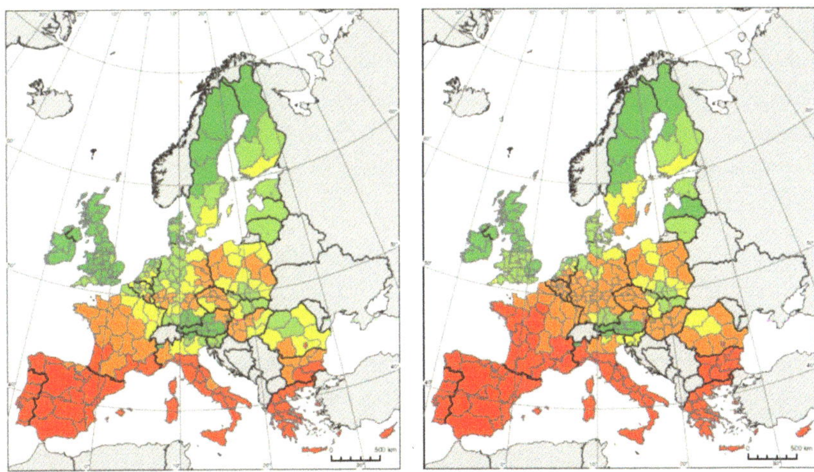

Abb. 9: Waldbandrandrisiko in Europa.
Anmerkung: Links zwischen den Jahren 1961. Rechts zwischen den Jahren 2041 und 2070.

Quelle: Kovats & Valentini, 2014, S.1287.

Schon zwischen den Jahren 1961 und 1990 bestand vor allem für die Iberische Halbinsel, Griechenland, große Teile Italiens, Südfrankreich, Teile Bulgariens und Zypern ein sehr hohes Waldbrandrisiko. Zwischen 2041 und 2070 hat sich das sehr hohe Waldbrandrisiko flächenmäßig erweitert. Besonders Frankreich ist davon betroffen. Auch in Deutschland wird sich das Waldbrandrisiko in den kommenden Jahrzehnten erhöhen (Kovats & Valentini, 2014, S.1287). Festzuhalten ist, dass die zukünftigen Wetterverhältnisse in Europa durch die anthropogenen Klimaerwärmung beeinflusst und bestimmt werden und nicht durch mögliche Auswirkungen eines sich abschwächenden Nordatlantikstroms. Dies ist ein weiterer Beweis dafür, dass die von medialer Seite prognostizierte Eiszeit in Europa nicht eintreten wird, solange die anthropogene Klimaerwärmung nicht gestoppt wird.

4.5. Sozioökonomische Auswirkungen und Risiken

Die klimatischen Veränderungen bringen besonders für die nördlich gelegenen Regionen Europas zunächst einmal eindeutige ökonomische Vorteile, während der Süden Europas schon mit vorhandenen Problemen durch langandauernde Hitze und Trockenheit zu kämpfen hat. Wie bereits erwähnt, werden besonders verschiedene Küstenregionen mit schwerwiegenden Problemen durch den steigenden Meeresspiegelanstieg konfrontiert werden. Es sind nicht einzelne klimatische Veränderungen, sondern es ist die Summe aus diesen und das gleichzeitige Auftreten von mehreren Problemen, die das Ausmaß von Auswirkungen bestimmen und zu Umstrukturierungen in Agrar-, Energie- und Industriewirtschaft führen werden. Die wachsenden Disparitäten in Europa zwischen Nord und Süd beeinflussen möglicherweise nicht nur wirtschaftliche Bereiche, sondern könnten auch potentielle Migrationsbewegungen in den betroffenen Ländern auslösen. Es ist davon auszugehen, dass die finanzstarken Staaten des Nordens die auftretenden Probleme leichter bewältigen werden als die finanzschwachen Nationen im Süden. Für dieses Jahrhundert ist die Prognose für Nordeuropa eher positiv zu betrachten.

Die dargestellten Fakten und Prognosen in diesem Kapitel verdeutlichen, dass die Auswirkungen des sich abschwächenden Nordatlantikstroms besonders im meeresbiologischen Bereich stattfinden. Eine weitere mögliche Auswirkung eines schwächeren Nordatlantikstroms ist der steigende Meeresspiegel. Damit es aber zu einem zusätzlichen Meeresspiegelanstieg von einem Meter durch den Nordatlantikstrom kommen könnte, müsste dieser aber vollständig Versiegen. Solch ein Szenario ist nicht auszuschließen, scheint aber, wie bereits erwähnt, nach aktuellem Wissensstand sehr unwahrscheinlich. Somit ist es hauptsächlich die anthropogene Klimaerwärmung, die im 21. Jahrhundert für die klimatischen Verhältnisse und die damit verbundenen Auswirkungen und Folgen in Europa verantwortlich sein wird.

5. Maßnahmen gegen die anthropogene Klimaerwärmung und der damit verbundenen Abschwächung des Nordatlantikstroms

5.1. Politische Maßnahmen

Auf der weltpolitischen Ebene werden Maßnahmen ergriffen, die den Prozess der globalen Erwärmung entschleunigen und letztendlich stoppen sollen. Wie bereits erwähnt lassen sich die Aspekte, anthropogene Klimaerwärmung und abschwächender Nordatlantikstrom nicht vollständig voneinander trennen. Maßnahmen, die eine Reduzierung der anthropogenen Erderwärmung verfolgen, richten sich damit gleichzeitig auch gegen eine weitere Abschwächung des Nordatlantikstroms. Somit kommen Klimaschutzmaßnahmen, die von Seiten der Politik ergriffen werden und sich gegen die anthropogene Klimaerwärmung richten, letzten Endes auch dem Nordatlantikstrom zu Gute.

Die beiden bekanntesten Konferenzen, bei denen politische Entscheidungsträger und Wissenschaftler aufeinander treffen ist zum einen die Weltklimakonferenz und zum anderen die Vertragsstaatenkonferenz (Conference of the Parties), welche auch Klimagipfel oder umgangssprachlich Klimakonferenz genannt wird (Bammel & Fallert - Müller, 2008, S.132).

Die Weltklimakonferenz fand das erste Mal im Jahr 1979 in Genf statt. Damals trafen sich verschiedene UN-Organisationen und erörterten die gegenwärtigen, durch den Menschen verursachten, Klimaanomalien und deren Folgen. Weitere Klimakonferenzen folgten 1988 in Toronto und 1990 erneut in Genf. Bei der Klimakonferenz in Toronto machte eine Vielzahl von Wissenschaftler darauf aufmerksam, dass es zu einer starken Reduzierung von Treibhausgasemissionen kommen muss, da die daraus resultierenden Folgen beträchtlich sein könnten (Bammel & Fallert-Müller, 2008, S.252). Daraufhin wurde der sogenannte IPCC (Ingovernmental Panel on Climate Change) gegründet. Dieses Gremium besteht aus drei Arbeitsgruppen und setzt sich mit den Faktoren Wirtschaft, Auswirkungen von Klimaänderungen und vorbeugenden Maßnahmen auseinander. Des Weiteren gehört zum Gremium eine Taskforce, welche sich mit nationalen Bestandsaufnahmen der Treibhausgase beschäftigt. Beschlossen wurde das Gremium der IPCC 1988 von der UN- Vollversammlung. Die Aufgabe der Gremiumsmitglieder besteht darin, Statusberichte und Empfehlungen zum Problemkreis der anthropogenen globalen Klimaänderung zu erarbeiten (Bammel & Fallert-Müller, 2008, S.113). Die Sachstandsberichte sind zur Arbeitsgrundlage für Wissenschaft und Politik geworden. Sie liefern den politischen Entscheidungsträgern einen Überblick über den aktuellen Stand des Wissens in der Klimaforschung. Auch für diese Arbeit waren die IPCC-Sachstandsberichte von enormer Wichtigkeit. Da jede einzelne These sorgfältigst von

Fachleuten verifiziert wurde, besitzen die IPCC- Sachstandsberichte einen hohen wissenschaftlichen Gehalt (Bammel & Fallert- Müller, 2008, S.112).

Die erste Vertragsstaatenkonferenz fand 1995 in Berlin statt. Dort wurde das „Berliner Mandat" verabschiedet. Dieses Mandat sieht vor bis zur dritten Vertragskonferenz ein verbindliches Protokoll mit Emissionsminderungszielen festzulegen. Dieses Ziel wurde im Kyoto-Protokoll, 1997 konkretisiert. Dabei verpflichteten sich insgesamt 36 Industrienationen dazu, ihren Emissionsausstoß um jeweils 5,3%, unter das Niveau von 1990 zu senken. Im Frühjahr 2001 stiegen die USA aus dem Vertrag aus. Dennoch kam es im Sommer 2001 auf der Bonner Vertragsstaatenkonferenz zu einer Einigung, auf der die Voraussetzung für eine Ratifikation des Kyoto-Protokolls geschaffen wurde. Noch im selben Jahr einigten sich die verbliebenen 177 Staaten in Marrakesch auf einen Kompromiss hinsichtlich des CO_2-Ausstoßes. Dieser Vereinbarung gelang es nicht, die formulierten Vorgaben im Kyoto-Protokoll vollständig umzusetzen. Begründet wird dies damit, dass man davon ausgeht, dass biologische Senken, wie Wälder den CO_2-Ausstoß deutlich mehr reduzieren können als ursprünglich gedacht. Das Ziel einer Reduzierung der Treibhausgasemissionen von 5,3% wurde zwar aufrechterhalten, wobei die effektive Verringerung bei 1,8% liegen soll. Außerdem dürfen die Industrieländer ihre Verpflichtungen auch im Ausland erfüllen beispielsweise durch Aufforstungsprojekte oder den Bau von effizienten Kraftwerken. Zudem wird der Handel mit Treibhausgaszertifikaten (Emissionshandel) unter den Industrieländern gestattet (Bammel & Fallert- Müller, 2008, S.252).

Erst 2004 in Buenos Aires trat das Kyoto-Protokoll durch die Ratifizierung Russlands in Kraft. Des Weiteren versuchte man in Buenos Aires die USA als größten Treibhausgasemittent der Industrieländer wieder verstärkt in den globalen Umweltschutz zu integrieren. Die Vertragskonferenzen werden seit 2005 als Meeting of the Parties (MOP) weitergeführt (Bammel & Fallert- Müller, 2008, S.252). Langfristiges Ziel des Kyoto-Protokolls ist die Halbierung der Treibhausgasemissionen bis 2050 (Bammel & Fallert- Müller, 2008, S.253). Im Jahr 2012 lief das Kyoto-Protokoll aus und wurde 2015 durch das Übereinkommen von Paris ersetzt. Die deutsche Umweltministerin *Barbara Hendricks* (SPD) verkündete am 6. Juli 2016 im deutschen Bundestag, dass sich das Abkommen als Hauptziel gesetzt hat, die menschengemachte globale Erwärmung deutlich unter 1,5 °C gegenüber den vorindustriellen Werten zu senken. Des Weiteren lobte Hendricks die gute Zusammenarbeit der Staaten (bundestag.de, 2016, o.S.).

5.2. Maßnahmen seitens der Wissenschaft

Nach aktuellem Stand der Wissenschaft weiß man, dass die Treibhausgase die Hauptursache der globalen Klimaerwärmung sind. Hingegen bleiben Methan und Ruß allenfalls ein paar Jahre in der Atmosphäre. Dabei ist die wärmende Wirkung dieser Substanzen um ein vielfaches stärker als CO_2. So würde es zu einem deutlichen Rückgang der globalen Erwärmung kommen, wenn es zu einer Reduzierung von Methan und Ruß kommen würde. In der sogenannten „Science"- Studie legen Forscher erstmals einen genauen Plan vor, wie man den Ausstoß von Ruß und Methan um ein Vielfaches senken kann. Dazu zählt z.B., dass entweichendes Erdgas (Methan) im Bergbau oder in der Öl- und Gasförderung und auf Mülldeponien eingefangen werden soll, dass Löcher in Gaspiplines gestopft werden, dass Reisplantagen öfters trockengelegt werden und dass Gase aus Kuhdung und in der Tierhaltung verringert werden. Die innovativsten Methoden zur raschen Eindämmung des Rußausstoßes sind der Studie zufolge: Abgasfilter in Dieselautos einbauen, Fahrzeuge mit alten Motoren stilllegen und das Abbrennen von Agrarland stoppen. Laut der Studie hätte eine Reduzierung des Rußausstoßes zum einen eine Abkühlung der Atmosphäre zur Folge, zum anderen könnte dadurch die Luftverschmutzung verringert werden. Die Forscher der „Science"- Studie sind davon überzeugt, dass die genannten Maßnahmen dazu führen könnten, dass 700.000 bis 4,7 Millionen Menschen weniger pro Jahr an Erkrankungen der Atemwege sterben müssten und dass sich die Ernteerträge um bis zu 135 Millionen Tonnen pro Jahr verbessern könnten (Bojanowski, 2012, spiegelonline.de). Solche Maßnahmen könnten auch positive Auswirkungen auf die Strömungen des Nordatlantikstroms haben und dessen Strömungsverlauf konstant halten bzw. stärken.

Eine weitere Maßnahme geht auf ein Forscherteam um Steven Desch zurück. Desch ist Astrophysiker an der Arizona State University und möchte anhand windgetriebener Pumpen Meerwasser auf die noch vorhandenen Eischollen befördern, in der Hoffnung, dass dieses dort anfrieren und somit die Polkappen nach und nach wieder dicker werden. Durch diese Methode könnte der erhöhte Süßwassereintrag im Nordatlantik zurückgehen und würde somit die thermohaline Zirkulation nicht weiter beeinträchtigen. Dies könnte den immer schwächer werdenden Nordatlantikstrom entlasten, da dadurch die Tiefenwasserbildung besser funktionieren würde. Nach Berechnungen der Forscher bräuchte man dafür rund zehn Millionen solcher Aggregate. Dies würde jährlich Kosten von rund 50 Milliarden Dollar verursachen und das zehn Jahre lang (Seidler, 2017, spiegelonline.de).

6. Schlussbemerkung

Obwohl die Menschheit in den letzten Jahrzehnten viele neue Erkenntnisse über das Klimasystem der Erde gewinnen konnte, bleibt es dennoch schwierig, Aussagen darüber zu treffen, inwieweit die anthropogene Klimaerwärmung und ein abschwächender Nordatlantikstrom, das gesamte Klimasystem in ferner Zukunft beeinflussen werden.

Dennoch kann aufgrund des aktuellen Wissenstands ein vollständiges Versiegen des Golfstroms mit hoher Wahrscheinlichkeit ausgeschlossen werden, da die Strömungen hauptsächlich von Winden angetrieben werden. Wie bereits erwähnt, ist eine Abschwächung oder ein Versiegen des Nordatlantikstroms wahrscheinlicher. Die Hauptursache dafür ist nach heutigem Wissensstand die anthropogene Klimaerwärmung. Die daraus resultierenden Folgen, wie beispielsweise ein erhöhter Süßwassereintrag, die Erwärmung der Meere, ein steigender Meeresspiegelanstieg und die Änderung von tropischen Wirbelstürmen beeinflussen nachhaltig den Nordatlantikstrom. Aufgrund der daraus resultierenden Abschwächung müsste es in Europa kälter werden, da aber die anthropogene Klimaerwärmung stärker ist, überlagert sie die Auswirkungen eines abschwächenden Nordatlantikstroms. Aus diesem Grund wird es selbst in den Teilen Europas wärmer werden, in denen es eigentlich kälter werden müsste. Somit nehmen einige Regionen im Nordwesten Europas eine Sonderstellung ein. Die für sie voraussichtlich positiv zu bewertende Entwicklung besteht darin, dass die steigenden Temperaturen durch den simultan schwächer werdenden Nordatlantikstrom gemildert werden. In anderen Teilen Europas hingegen werden die Auswirkungen der globalen Erwärmung wesentlich direkter zu spüren sein und starke ökologische und ökonomische Folgen mit sich bringen.

Es sind die Entscheidungen von heute, die auf weltpolitischer, regionaler und lokaler Ebene getroffen werden, die die zukünftige Entwicklung des Nordatlantikstroms für Jahrtausende beeinflussen werden. Für die kommenden Jahrzehnte sind große Investitionen in die Energieinfrastruktur geplant. Von vielen dieser Großinvestitionen wird abhängig sein, ob bis zum Jahr 2050 die Emissionszahlen sinken oder weiter ansteigen werden (Rahmstorf & Richardson, 2007, S.262). Die Hoffnung auf eine Energiewende und sinkende Emissionen dürfte niedrig sein. Der Abgasskandal bei Volkswagen beweist beispielsweise, wie wenig Interesse es von Seiten der Industrie gibt, die CO_2- Emissionen tatsächlich zu senken. Auf politischer Ebene wird von manchem Abgeordneten die anthropogene Klimaerwärmung mittlerweile auch öffentlich geleugnet. Das wohl bekannteste Beispiel dafür ist der amerikanische Präsident Donald Trump, der während seines Wahlkampfs immer wieder öffentlich und über soziale Medien die anthropogene Klimaerwärmung bestritten hat. Auch sämtliche Politiker der AfD halten CO_2 - Emissionen nicht für die Hauptursache der anthropogenen Klimaerwärmung. Der politische Diskurs, der sich in den letzten Jahren massiv verändert hat, indem stellenweise postfaktisch und anhand von Fakenews argumentiert wird, stellt ein weiteres Hindernis dar und erschwert eine sachliche Debatte über die Probleme unserer Zeit. Somit kann man nur hoffen, dass es auf Seiten der Wissenschaft in den nächsten Jahren zu weiteren Erkenntnissen kommt, die die Politik zwingt zu handeln. Denn um die bevorstehenden Probleme bewältigen zu können, ist ein hohes Maß an gesellschaftlichem Geschick notwendig. Länder und Regierungen, Forscher und Politiker müssen in den kommenden Jahren enger zusammenarbeiten und effektive Maßnahmen ergreifen.

Inwieweit der Nordatlantikstrom sich weiter abschwächt und inwieweit die klimatischen Veränderungen in Europa voranschreiten, hängt nicht zuletzt auch von jedem einzelnen ab. Es sind die Entscheidungen, die wir selbst jeden Tag treffen, wenn wir ein Auto oder einen Kühlschrank kaufen, aber auch wohin wir unseren Urlaub planen und wo wir unsere Lebensmittel einkaufen (Rahmstorf & Richardson, 2007, S.263). Langzeitprognosen geben uns einen Einblick, wie die Welt für zukünftige Generationen aussehen könnte, wenn nicht gehandelt wird.

Literatur- und Quellenverzeichnis

Buchquellen:

BAMMEL, KATJA / FALLERT-MÜLLER, ANGELIKA / ULBRICH, KILAN / KLONK, SABINE:
Geothemenlexikon. Wetter und Klima, Begriffe, Forschung, Prognosen, Bibliographisches
Institut & F.A. Brockhaus AG, Mannheim, 2008. (Band 31).

ENGELN, HENNING: Deutsches Wetter. In: Gaede, Peter- Matthias (Hrsg.):
Geothemenlexikon. Wetter und Klima, Begriffe, Forschung, Prognosen, Bibliographisches
Institut & F.A. Brockhaus AG, Mannheim, 2008., S.336-345. (Band 31).

GRUNAU, PETER: Meteorologie für den Nautiker: Eine Betrachtung über die wesentlichen
Aspekte der Klimatologie, Meteorologie, Laderaum-Meteorologie, sowie der
meteorologischen Navigation, Books on Demand, 2012.

KEHSE, UTE: Golfstrom. In: Gaede, Peter- Matthias (Hrsg.): Geothemenlexikon. Wetter und
Klima, Begriffe, Forschung, Prognosen, Bibliographisches Institut & F.A. Brockhaus AG,
Mannheim, 2008, S.436- 445. (Band 31).

RAHMSTORF, STEFAN / RICHARDSON, KATHERINE: Wie bedroht sind die Ozeane?
Biologische und physikalische Aspekte, Hugendubel München, Fischer Taschenbuch
Verlag, 2007. (1. Auflage).

Internetquellen:

ALCAMO, JOSEPH / MORENO, JOSE M. / NOVAKY, BELA: IPCC, 2007: *Climate Change
2007:* Impacts, Adaptation and Vulnerability. Contribution of Working Group II to the Fourth
Assessment Report of the Intergovernmental Panel on Climate Change, M.L. Parry, O.F.
Canziani, J.P. Palutikof, P.J. van der Linden and C.E. Hanson, Eds., Cambridge University
Press, Cambridge, UK, 976pp.
https://www.ipcc.ch/publications_and_data/ar4/wg2/en/contents.html (23.02.2017).

BOJANOWSKI, AXEL. Kampf gegen Erderwärmung. Forscher finden einfachste Wege zur
Klimakühlung, 2012, in: Spiegel Online.de, 13.01.2012, URL:
http://www.spiegel.de/wissenschaft/technik/kampf-gegen-erderwaermung-forscher-finden-
einfachste-wege-zur-klimakuehlung-a-808824.html (23.03.2017).

DEUTSCHER BUNDESTAG: Pariser Klima-Abkommen ratifizieren, 2016, in: Deutscher
Bundestag.de, URL: https://www.bundestag.de/dokumente/textarchiv/2016/kw27-
regierungsbefragung/434410 (23.03.2017).
DIE WELT: Forscher prophezeien Kollaps des Golfstroms, 2017, in: welt.de, URL:
https://www.welt.de/wissenschaft/article161439417/Meeresforscher-prophezeien-Kollaps-
des-Golfstroms.html (23.03.2017).
KOVATS, R.S. / VALENTINI, R. / BOUWER, L.M. / GEORGOPOULO, E. / JACOB, D. /
MARTIN, E. / ROUNSEVELL, M. / SOUSSANA, J.-F: 2014: Europe. In: Climate Change

2014: Impacts, Adaptation, and Vulnerability. Part B: Regional Aspects. Contribution of Working Group II to the Fifth Assessment Report of the Intergovernmental Panel on Climate Change [Barros, V.R., C.B. Field, D.J. Dokken, M.D. Mastrandrea, K.J. Mach, T.E. Bilir, M. Chatterjee, K.L. Ebi, Y.O. Estrada, R.C. Genova, B. Girma, E.S. Kissel, A.N. Levy, S. MacCracken, P.R. Mastrandrea, and L.L. White (eds.)]. Cambridge University Press, Cambridge, United Kingdom and New York, NY, USA, pp. 1267-1326. https://www.ipcc.ch/pdf/assessment-report/ar5/wg2/WGIIAR5-Chap23_FINAL.pdf (23.03.2017).

PACHAURI, R. / MEYER, L.: Zwischenstaatlicher Ausschuss für Klimaänderungen (IPCC), 2014: Klimaänderung 2014: Synthesebericht. Beitrag der Arbeitsgruppen I, II und III zum Fünften Sachstandsbericht des Zwischenstaatlichen Ausschusses für Klimaänderungen (IPCC) [Hauptautoren, R.K. Pachauri und L.A. Meyer (Hrsg.)]. IPCC, Genf, Schweiz. Deutsche Übersetzung durch Deutsche IPCC-Koordinierungsstelle, Bonn, 2016. http://www.ipcc.ch/report/ar5/syr/ (23.03.2017).

ROEMMICH, D. / BOEBEL, O / FREELAND, H. / KING, B. / LETRAON, P. / MOLINIARI, W. / BRECHNER, W. / BRECHNER, O. / RISER, S. / SEND, U. / TAKEUCHI, K. / WIFFELS, S.: On The Design and Implementation of Argo. A Global Array of Profiling Float, 1998, URL: http://www.argo.ucsd.edu/argo-design.pdf (23.03.2017).

SEIDLER, CHRISTOPH: Eisschwund in der Arktis. Schuld ist nicht nur der Mensch, 2017, in: Spiegel Online.de, 14.01.2017, URL: http://www.spiegel.de/wissenschaft/natur/arktis-schuld-am-eis-schwund-ist-nicht-nur-der-mensch-a-1138311.html (23.03.2017).

STOCKER, T.F. / D. QIN, G.-K. / PLATTNER, L.V. / ALEXANDER, S.K. / ALLEN, N.L. / BINDOFF, F.-M. / BREON, J.A. / CHURCH, U. / CUBASCH, S. / EMORI, P. / FRIEDLINGSETIN, N. / GILLETT, J.M. / GREGORY, D.L. / HARTMANN, E. / JANSEN, B. / KIRTMAN, R. / KNUTTI, K. / KRISHNA KUMAR, P. / LEMKE, J. / MAROTZKE, V. / MASSON-DELMOTTE, G.A. / MEHL, I.I. / MOKHOV, S. / PIAO, V./ RAMASWAMY, D. RANDALL, M. / RHEIN, M. / ROJAS, C. / SABINE, D. / SHINDELL, L.D. / TALLY. D.G. / VAUGHAN and S.-P. XIE, 2013: Technical Summary. In: Climate Change 2013: The Physical Science Basis. Contribution of Working Group I to the Fifth Assessment Report of the Intergovernmental Panel on Climate Change [Stocker, T.F., D. Qin, G.-K. Plattner, M. Tignor, S.K. Allen, J. Boschung, A. Nauels, Y. Xia, V. Bex and P.M. Midgley (eds.)]. Cambridge University Press, Cambridge, United Kingdom and New York, NY, USA. URL: http://www.climatechange2013.org/images/report/WG1AR5_ALL_FINAL.pdf (23.03.2017).

Bildquellen:

Abbildung 1:
KASANG, DIETER: Golfstrom und Nordatlantikstrom, 2013, in: Wiki.bildungsserver, 19.10.2013, URL:
http://wiki.bildungsserver.de/klimawandel/index.php/Datei:Nordatlantikzirkulation.jpg (23.03.2017).

Abbilung 2:
KEHSE, UTE: Golfstrom. In: Gaede, Peter- Matthias (Hrsg.): Geothemenlexikon. Wetter und Klima, Begriffe, Forschung, Prognosen, Bibliographisches Institut & F.A. Brockhaus AG, Mannheim, 2008, S.437. (Band 31).

Abbildung 3:
MÜHR, BERNHARD: Klimadiagramme weltweit, 2016, Karlsruhe, in: klimadiagramme.de, 16.05.2016, URL: http://www.klimadiagramme.de/Europa/Plots/sola.gif; URL: http://www.klimadiagramme.de/Namerika/Plots/kuujjuaq.gif (23.03.2017).

Abbildung 4:
RAHMSTORF, STEFAN: Thermohaline Ocean Circulation, 2006, Amsterdam, S.7. URL: http://www.geography.hunter.cuny.edu/~fbuon/EES_717/references/ocean/rahmstorf_eqs_20 06.pdf (22.03.2017).

Abbildung 5:
PACHAURI, R. / MEYER, L.:Zwischenstaatlicher Ausschuss für Klimaänderungen (IPCC), 2014: Klimaänderung 2014: Synthesebericht. Beitrag der Arbeitsgruppen I, II und III zum Fünften Sachstandsbericht des Zwischenstaatlichen Ausschusses für Klimaänderungen (IPCC) [Hauptautoren, R.K. Pachauri und L.A. Meyer (Hrsg.)]. IPCC, Genf, Schweiz. Deutsche Übersetzung durch Deutsche IPCC-Koordinierungsstelle, Bonn, 2016, S.9, URL: http://www.ipcc.ch/report/ar5/syr/ (23.03.2017).

Abbildung 6:
RAHMSTORF, STEFAN / RICHARDSON, KATHERINE: Wie bedroht sind die Ozeane? Biologische und physikalische Aspekte, Hugendubel München, Fischer Taschenbuch Verlag, 2007, S.117.

Abbildung 7:
STOCKER, T.F. / D. QIN, G.-K. / PLATTNER, L.V. / ALEXANDER, S.K. / ALLEN, N.L. /
BINDOFF, F.-M. / BREON, J.A. / CHURCH, U. / CUBASCH, S. / EMORI, P. /
FRIEDLINGSETIN, N. / GILLETT, J.M. / GREGORY, D.L. / HARTMANN, E. / JANSEN, B. /
KIRTMAN, R. / KNUTTI, K. / KRISHNA KUMAR, P. / LEMKE, J. / MAROTZKE, V. /
MASSON-DELMOTTE, G.A. / MEHL, I.I. / MOKHOV, S. / PIAO, V./ RAMASWAMY, D.
RANDALL, M. / RHEIN, M. / ROJAS, C. / SABINE, D. / SHINDELL, L.D. / TALLY. D.G. /
VAUGHAN and S.-P. XIE, 2013: Technical Summary. In: Climate Change 2013: The Physical
Science Basis. Contribution of Working Group I to the Fifth Assessment Report of the
Intergovernmental Panel on Climate Change [Stocker, T.F., D. Qin, G.-K. Plattner, M. Tignor,
S.K. Allen, J. Boschung, A. Nauels, Y. Xia, V. Bex and P.M. Midgley (eds.)]. Cambridge
University Press, Cambridge, United Kingdom and New York, NY, USA. URL:
http://www.climatechange2013.org/images/report/WG1AR5_ALL_FINAL.pdf (23.03.2017).

Abbildung 8:
RAHMSTORF, STEFAN / RICHARDSON, KATHERINE: Wie bedroht sind die Ozeane?
Biologische und physikalische Aspekte, Hugendubel München, Fischer Taschenbuch
Verlag, 2007, S.121.

Abbildung 9:
KOVATS, R.S. / VALENTINI, R. / BOUWER, L.M. / GEORGOPOULO, E. / JACOB, D. /
MARTIN, E. / ROUNSEVELL, M. / SOUSSANA, J.-F: 2014: Europe. In: Climate Change
2014: Impacts, Adaptation, and Vulnerability. Part B: Regional Aspects. Contribution of
Working Group II to the Fifth Assessment Report of the Intergovernmental Panel on Climate
Change [Barros, V.R., C.B. Field, D.J. Dokken, M.D. Mastrandrea, K.J. Mach, T.E. Bilir, M.
Chatterjee, K.L. Ebi, Y.O. Estrada, R.C. Genova, B. Girma, E.S. Kissel, A.N. Levy, S.
MacCracken, P.R. Mastrandrea, and L.L. White (eds.)]. Cambridge University Press,
Cambridge, United Kingdom and New York, NY, USA, pp. 1287. URL:
https://www.ipcc.ch/pdf/assessment-report/ar5/wg2/WGIIAR5-Chap23_FINAL.pdf
(23.03.2017).

BEI GRIN MACHT SICH IHR WISSEN BEZAHLT

- Wir veröffentlichen Ihre Hausarbeit,
  Bachelor- und Masterarbeit

- Ihr eigenes eBook und Buch -
  weltweit in allen wichtigen Shops

- Verdienen Sie an jedem Verkauf

Jetzt bei www.GRIN.com hochladen
und kostenlos publizieren